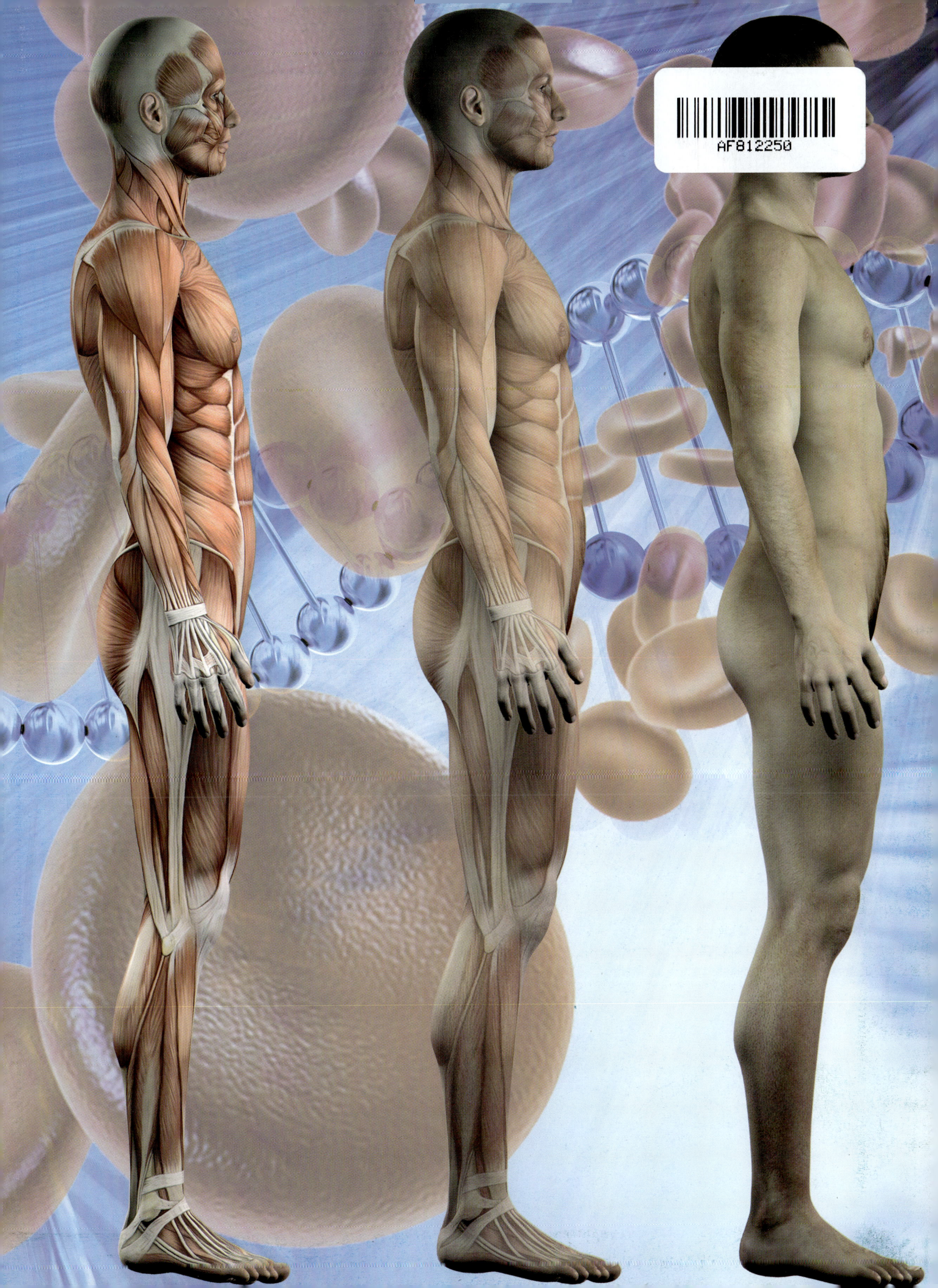

ATLAS VISUAL DEL CUERPO HUMANO

ANATOMÍA Y FUNCIONES DE NUESTRO CUERPO

Redacción y supervisión de la obra

Equipo editorial

Dirección de arte

M. Oscar Taboada

Ilustraciones

Paulo Soverón

Atsoram

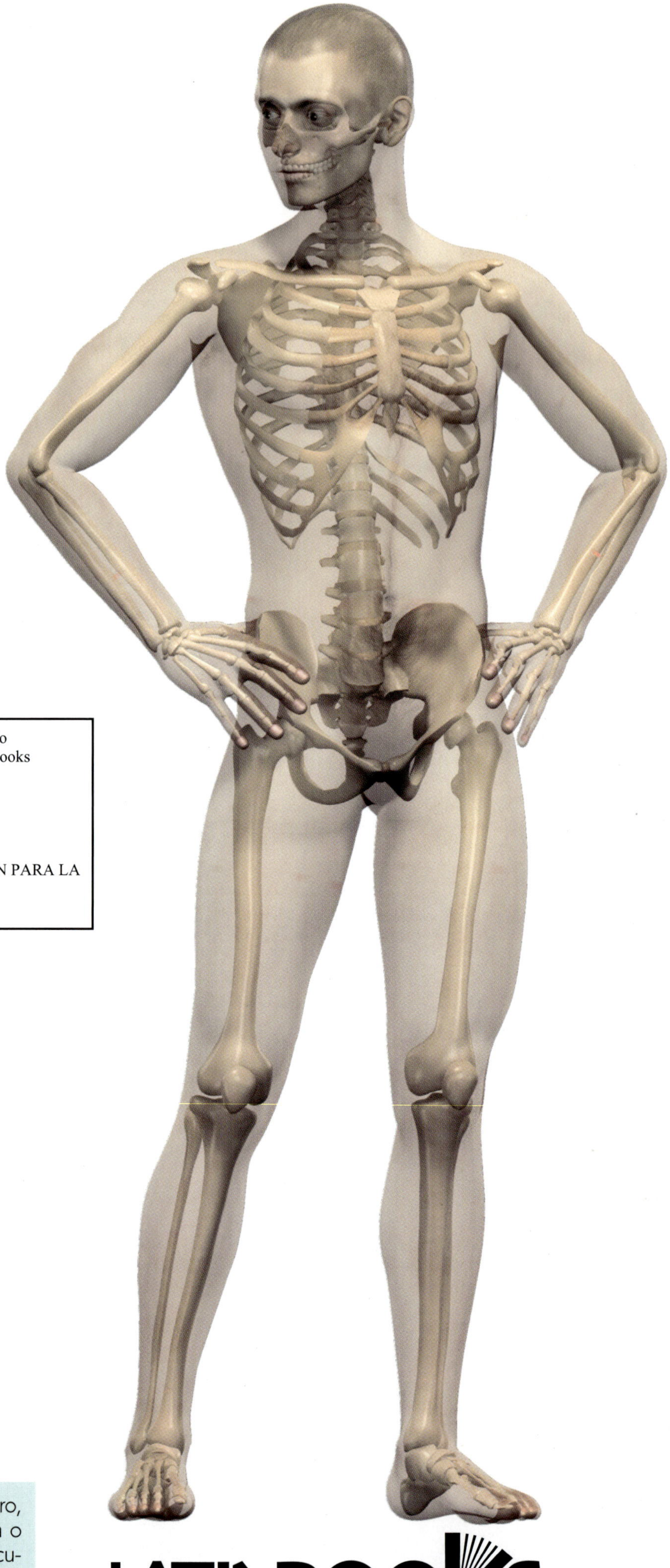

CATALOGACIÓN EN LA FUENTE

Atlas visual del cuerpo humano / por Equipo Editorial ; ilustraciones de Paulo Soverón y Atsoram. -- Montevideo, Rep. Oriental del Uruguay : Latinbooks International, 2016.
64 p. : il. ; 23 x 31 cm. -- (Atlas visuales).

ISBN 978-9974-738-93-5

1. ANATOMÍA HUMANA. 2. SALUD. 3. HIGIENE. 4. EDUCACIÓN PARA LA SALUD. I. Soverón, Paulo, ilus. II. Atsoram, ilus.
CDD 611

Impreso en China

ISBN: 978-9974-738-93-5

EDICIÓN 2018

LATINBOOKS International

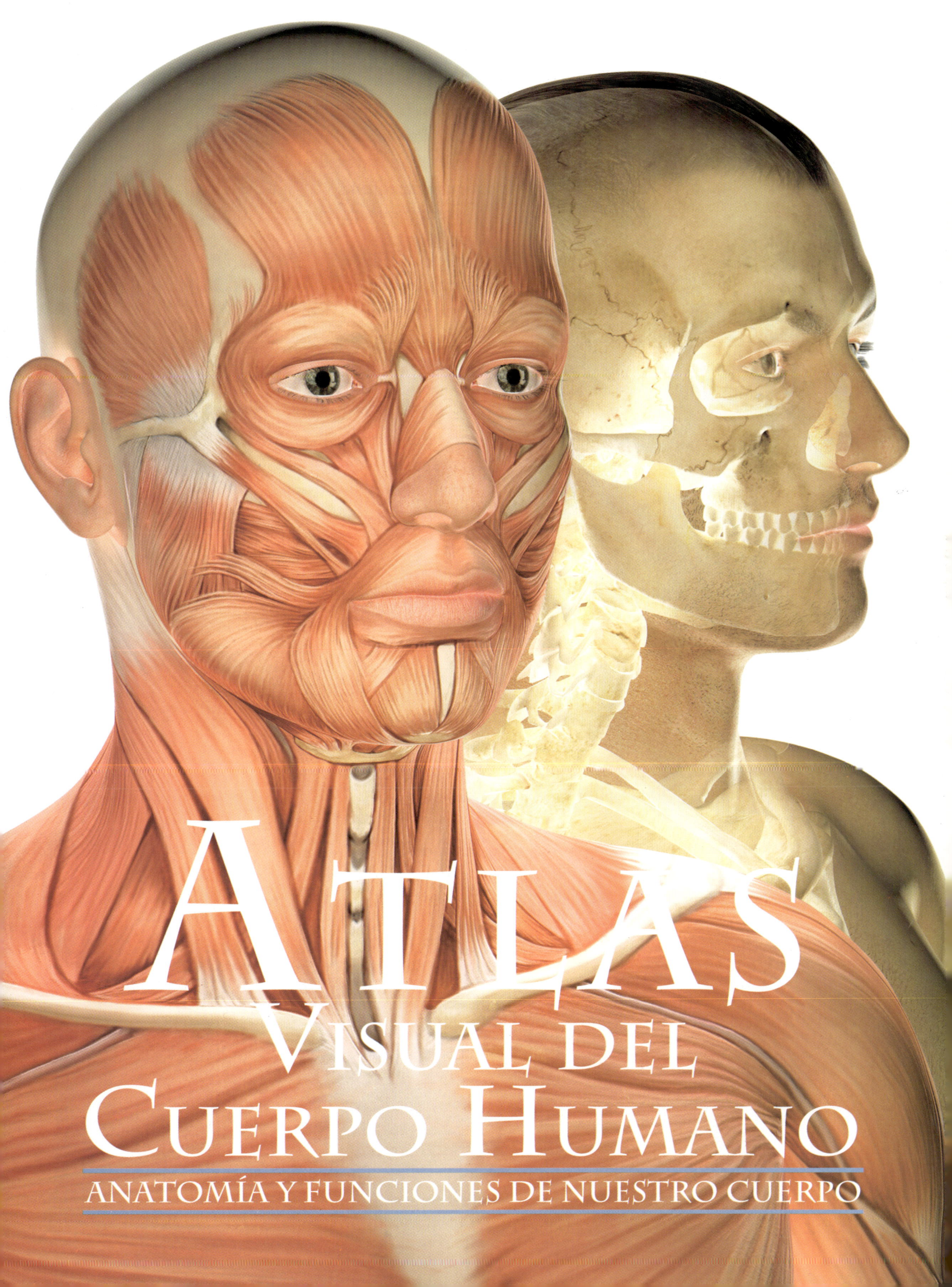

Atlas Visual del Cuerpo Humano

Anatomía y funciones de nuestro cuerpo

Índice general de la obra

Un organismo complejo 5

El metabolismo 5

Niveles de organización 6

Funciones vitales básicas 7

La célula 10

Estructura 10

La reproducción 10

Los tejidos 11

Tejido epitelial 11

Tejido conectivo 11

Tejido muscular 11

Tejido nervioso 11

El esqueleto 12

Clasificación de los huesos 12

Los huesos por dentro 12

Las articulaciones 13

Visión frontal del esqueleto 14

Visión dorsal del esqueleto 15

Visión frontal del tórax y la pelvis . . 17

La columna vertebral 18

El cráneo 20

Visión lateral del cráneo 20

Visión frontal del cráneo 21

Visión inferior del cráneo 21

Los músculos 22

Clasificación muscular 22

¿Cómo trabajan los músculos? 23

Los músculos por dentro 23

Visión frontal de los músculos 24

Visión dorsal de los músculos 25

El sistema nervioso 26

Las neuronas 26

El sistema nervioso central 26

El sistema nervioso periférico 27

Tronco encefálico
y pares craneales 28

Sistema nervioso central
y periférico 29

El sistema circulatorio 30

El corazón 30

Los vasos sanguíneos 30

Sistema circulatorio 31

El sistema linfático 32

Órganos linfoides 32

El sistema endocrino 33

Las glándulas endocrinas 33

El sistema respiratorio 34

La respiración y el oxígeno 34

Los órganos del sistema
respiratorio 34

Sistema respiratorio 35

El sistema digestivo 36

Los órganos del sistema 36

El proceso de la digestión 37

La boca y los dientes 38

Sistema digestivo 39

El sistema excretor 40

La eliminación del agua 40

Sistema urinario 41

El sistema reproductor masculino . . 42

El pene 42

Los órganos internos 42

Sistema reproductor masculino . . . 43

El sistema reproductor femenino . . . 44

Órganos externos 44

Órganos internos 44

Sistema reproductor femenino 45

La reproducción humana 46

La madurez sexual 46

La fecundación 46

La gestación 47

El parto 49

Los sentidos 50

El olfato 50

El gusto 51

El tacto 52

La vista 53

El oído 54

La genética 55

La herencia biológica 55

La biotecnología 56

La clonación 56

El mapa genético del ser humano . 57

Pasos para descifrar
el genoma humano 58

Glosario 59

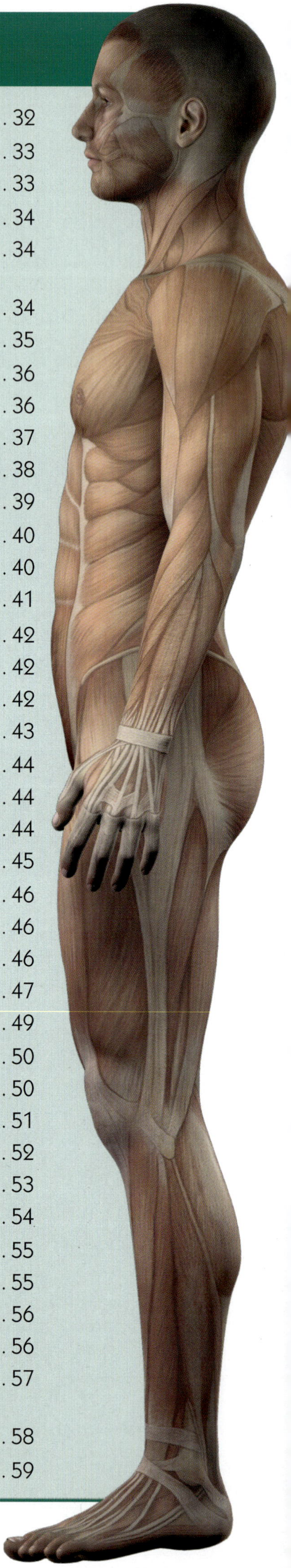

Un organismo complejo

El cuerpo humano no es una suma de órganos y sistemas, sino una unidad organizada que funciona en forma armónica de acuerdo con las condiciones ambientales, e intercambia materia y energía con el medio. Este intercambio es permanente y asegura su supervivencia.

A diario, recibimos una variedad enorme de estímulos a los que nuestro organismo da respuesta. Algunos de ellos son externos y otros son propios de nuestra particular conformación.

Los estímulos externos son innumerables: la temperatura, una persona que nos habla, los vehículos que transitan una calle que debemos cruzar, un olor agradable o desagradable, un paisaje...

Pero también hay un amplio repertorio de estímulos internos, como el hambre, el dolor que nos produce un órgano, el cansancio, la necesidad de escuchar música, las ganas de correr...

Las respuestas que damos también son variadas, y especialmente las que implican conductas más complejas, son diferentes de un ser humano a otro.

Podemos decir que cada persona es una **unidad psicofísica**, y también social. Cada uno comparte con los demás funciones que son características de los seres humanos, y también de los animales. Pero cada uno posee características propias que provienen de la herencia genética, de su medio cultural, familiar y social, y de las transformaciones que sufre en la relación con las demás personas.

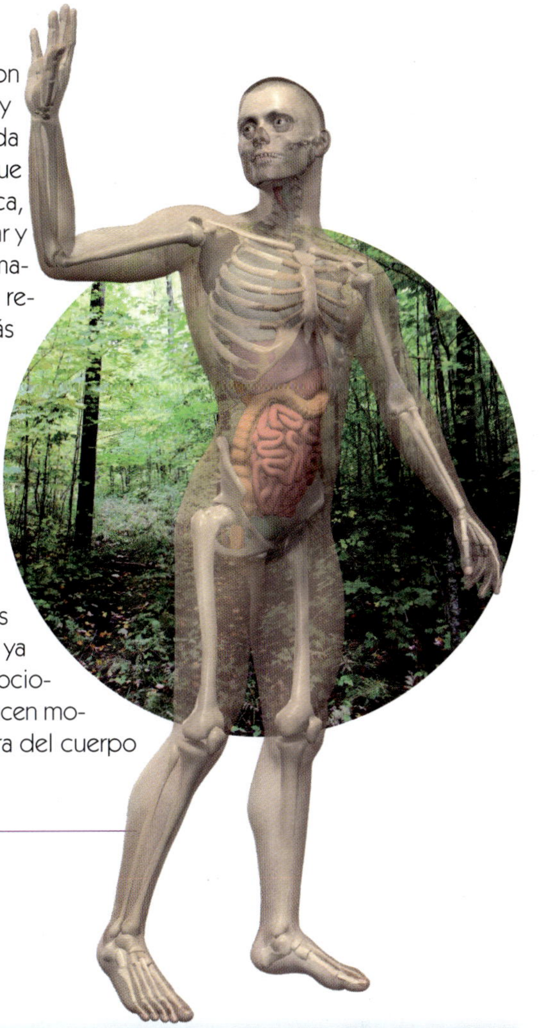

A lo largo de este libro, veremos exclusivamente la anatomía del cuerpo humano, su complejidad y el funcionamiento de cada una de sus partes. Pero recordemos que cada organismo es más que esto, ya que las facultades intelectuales y emocionales, y la relación con el medio producen modificaciones y cambios en la estructura del cuerpo y sus funciones, y viceversa.

EL METABOLISMO

El ser humano está en permanente relación con su medio, del cual depende para sobrevivir. Esa relación es posible ya que su estructura sumamente organizada –y la más compleja de la naturaleza–, le permite adaptarse a los cambios permanentes de las condiciones externas y lograr el mayor grado de equilibrio en su medio interno, y entre este y el ambiente en que vive (componentes físicos, químicos, biológicos, culturales, ecológicos). Cuando se quiebra el equilibrio u **homeostasis**, se produce la enfermedad.

Para lograr el equilibrio del cuerpo, trabajan mancomunadamente varios órganos al mismo tiempo. Podemos decir que el cuerpo nunca deja de moverse, aunque estemos quietos.

Cada segundo, se cumplen en el organismo miles de procesos que, en conjunto, se denominan **metabolismo**. Para que se realicen estos procesos, el cuerpo humano posee sistemas especializados que desempeñan diferentes tareas. Estos sistemas trabajan en forma coordinada, gracias al sistema nervioso y al sistema endocrino, que son los encargados de regular las dos fases del metabolismo: la de construcción o **anabolismo** y la de destrucción o **catabolismo**. Un ejemplo de anabolismo es la síntesis de glucosa que realiza el hígado a partir de ciertas moléculas; la degradación de los ácidos grasos es un fenómeno catabólico.

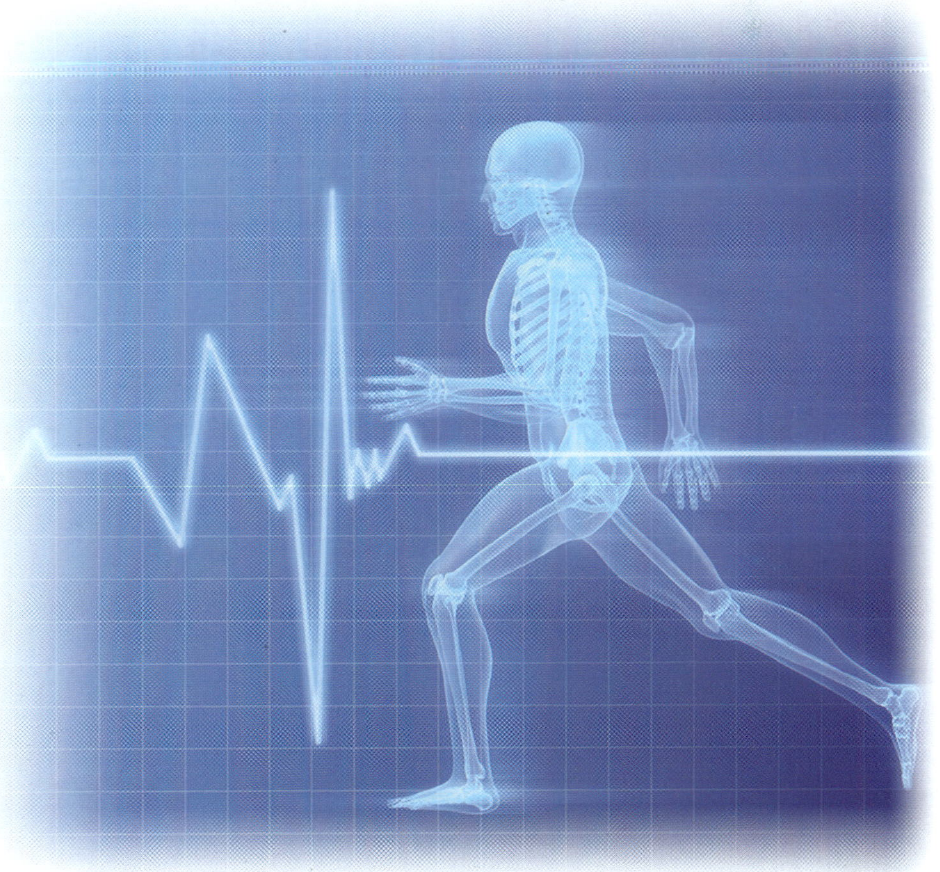

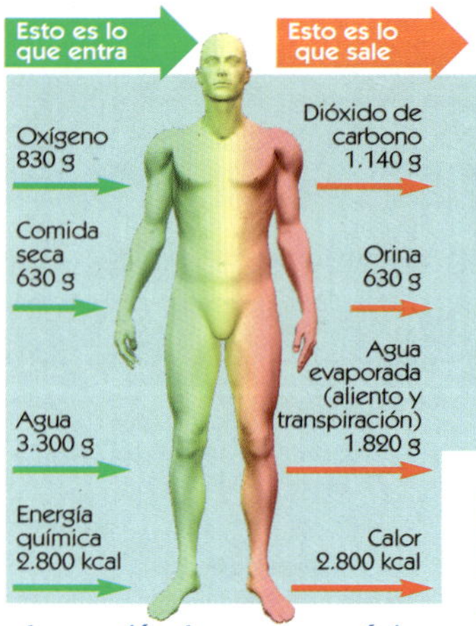

La sucesión de procesos químicos que transforman una sustancia en otra se denomina "ruta metabólica". Las rutas metabólicas más eficientes son compartidas por organismos de muy diversa complejidad, como es el caso del "ciclo de Krebs", que forma parte de la respiración celular en todas las células aeróbicas.

Se denomina metabolismo a las reacciones químicas que se producen dentro de las células y que las mantienen vivas. Los procesos anabólicos son aquellos mediante los cuales las moléculas se juntan para formar un compuesto más complejo. Es decir, se sintetiza un compuesto con gasto de energía. Las grasas y las proteínas, entre otros componentes, son productos de estos procesos. Los procesos catabólicos son aquellos durante los cuales se degradan sustancias con el fin de liberar energía para realizar nuevas síntesis, para el trabajo muscular, la transmisión de impulsos nerviosos y el mantenimiento de la eficacia funcional. Por ejemplo, la respiración.

NIVELES DE ORGANIZACIÓN

Los seres humanos, al igual que todos los seres vivos, estamos constituidos por elementos químicos presentes en la materia inerte, como oxígeno, carbono, hidrógeno, fósforo y nitrógeno. Pero, ¿qué nos hace tan diferentes del agua o de una piedra? La complejidad de las combinaciones de estos elementos en **macromoléculas**, el grado de organización que presenta nuestro cuerpo y la capacidad de reproducirse. Las macromoléculas que forman las células del cuerpo humano son los **hidratos de carbono**, las **proteínas**, los **lípidos** y los **ácidos nucleicos**.

Cuando nos referimos a la organización de un organismo estamos intentando establecer la forma que guardan en su distribución las partes que lo constituyen. Los seres vivos pueden presentar los siguientes niveles de organización:

PROTOPLASMÁTICO

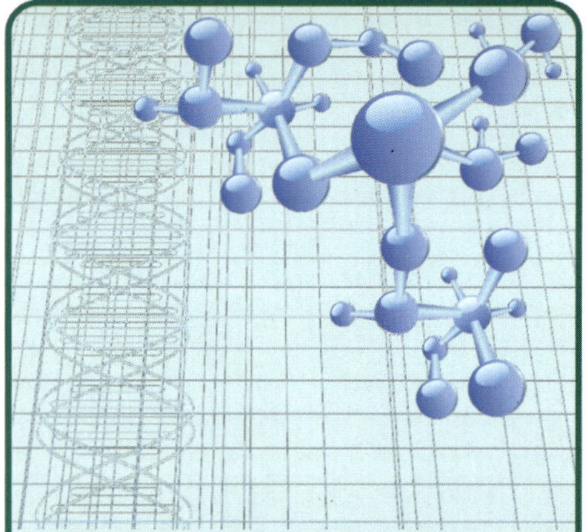

Es el conjunto de sustancias que componen a los seres vivos, y está formado por átomos de carbono, oxígeno e hidrógeno y nitrógeno –en menor proporción–, que se combinan en moléculas con las que se construyen las distintas estructuras del protoplasma.

CELULAR

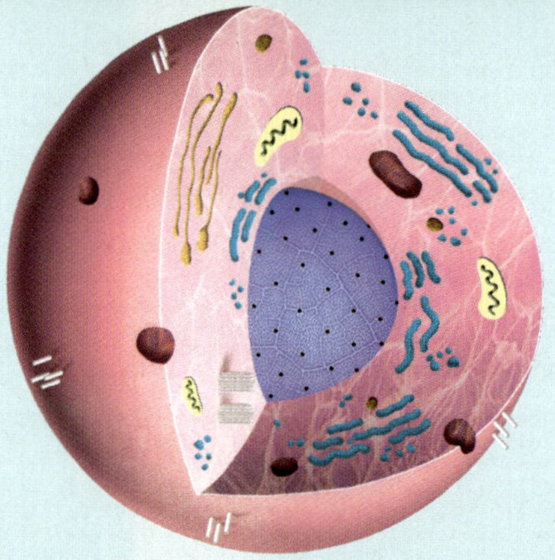

Las células son las unidades diferenciadas y funcionales de vida. En el cuerpo humano presentan características diferenciadas según las funciones que realizan. Ejemplos: célula cardíaca, célula ósea.

TISULAR

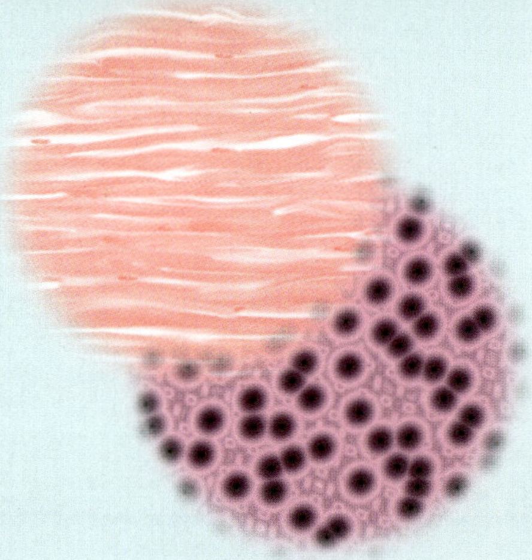

Los tejidos están formados por la reunión de células semejantes, especializadas para cumplir una determinada función. Ejemplos: tejido cardíaco, tejido óseo.

DE LOS ÓRGANOS

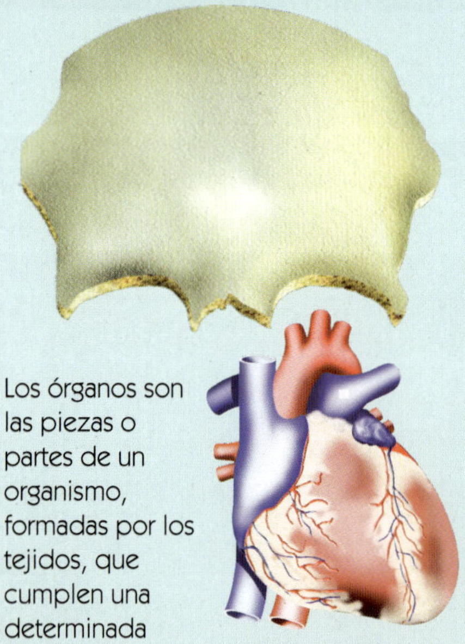

Los órganos son las piezas o partes de un organismo, formadas por los tejidos, que cumplen una determinada función. Ejemplos: corazón, hueso.

DE LOS SISTEMAS DE ÓRGANOS

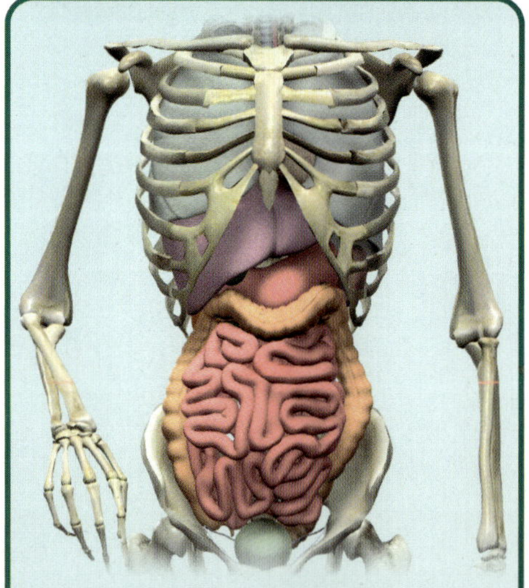

Son agrupaciones de órganos que trabajan coordinadamente para realizar una función vital. Ejemplos: sistema circulatorio, sistema óseo.

DEL ORGANISMO

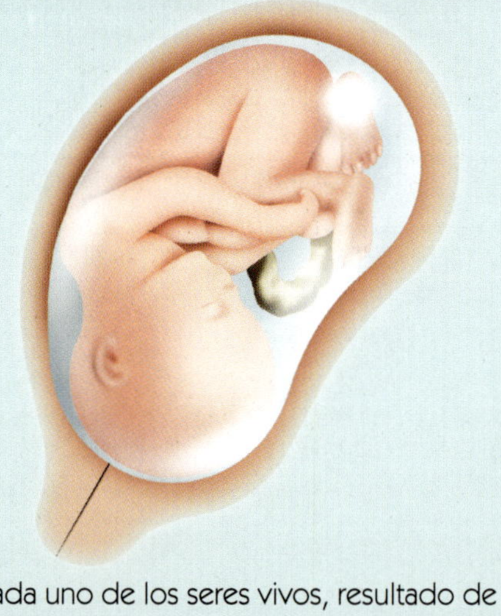

Cada uno de los seres vivos, resultado de una especial organización, que les permite vivir. Los seres humanos se ubican en el nivel de organización de los sistemas de órganos.

LA MATERIA DE LOS SERES VIVOS

El protoplasma es la materia que constituye el cuerpo de los seres vivos. Algunas sustancias que lo forman pueden disolverse en agua: son hidrosolubles. Otras, por ser insolubles, se mantienen como partículas en suspensión; por eso se dice que se presentan en estado coloidal.

COMPOSICIÓN DEL PROTOPLASMA

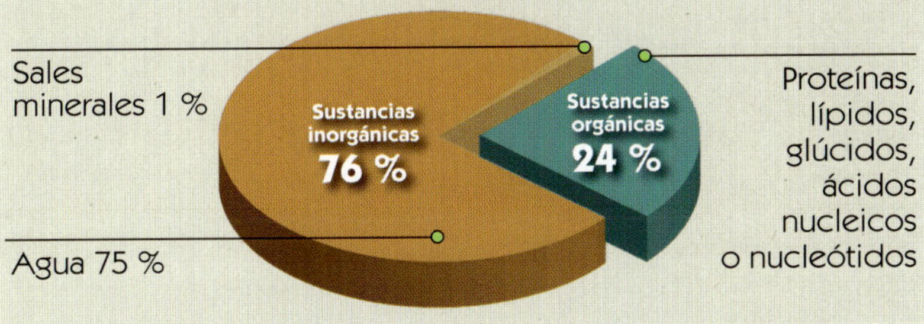

Las células, los tejidos, los órganos, los aparatos y los sistemas determinan en los seres vivos su morfología externa e interna, su modo de vida y su manera de reproducirse.

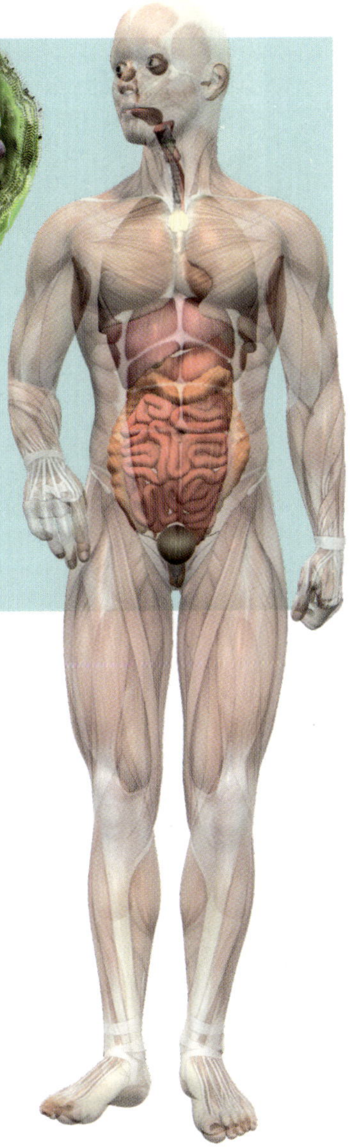

FUNCIONES VITALES BÁSICAS

Como todos los seres vivos, los humanos realizan una variedad de funciones para perpetuarse. Estas son:

- tomar materia y energía del medio para satisfacer sus necesidades;
- el movimiento, que les permite desplazarse;
- la capacidad de responder a los estímulos del medio ambiente;
- la adaptación y la coordinación de las diferentes funciones;
- la defensa e inmunidad del organismo;
- el crecimiento, que es la facultad de aumentar la sustancia viva;
- la posibilidad de reproducirse, función que garantiza la continuidad como especie.

¿DE DÓNDE OBTENEMOS LA ENERGÍA?

Cuando caminamos, cuando nos movemos, cuando realizamos un esfuerzo físico, consumimos **energía**. Pero los seres humanos, del mismo modo que todos los animales, no creamos esa energía, ya que esta forma parte de la materia y no puede crearse de la nada. ¿De dónde proviene, entonces, la energía que utilizamos? De los **alimentos** que consumimos. La materia orgánica que asimilamos cuando nos alimentamos posee una energía química capaz de transformarse, por medio de distintas reacciones que se producen en nuestro organismo, en energía mecánica (que gastamos cuando realizamos un esfuerzo), calor y todas las formas de energía necesarias para mantenernos vivos. Al alimentarnos, reponemos la energía que gastamos.

La energía química contenida en los alimentos se transforma gracias a la combustión que tiene lugar cuando se combinan el oxígeno que respiramos con la materia orgánica que consumimos. Lo que se produce entonces es una **oxidación**. Los seres vivos producen casi toda la energía que necesitan oxidando las proteínas, las grasas y los azúcares contenidos en los alimentos.

LA NUTRICIÓN

Todos los seres vivos necesitan alimentarse para obtener la materia y la energía que emplean para vivir. Por medio de la **nutrición**, obtienen materia y la integran a las células con el fin de reponer las partes que se van perdiendo y desgastando.

Una porción de esa materia es utilizada como energía, fundamental para mantener la intensa actividad del organismo. Otra queda como material de reserva (energía almacenada).

En los seres humanos, igual que en los animales, la función de nutrición comprende cuatro procesos muy relacionados. Estos son:

- la **digestión** de los nutrientes;
- la **circulación** de estos hacia cada una de las células del cuerpo;

Para mantener una buena nutrición es necesario incluir equilibradamente los seis tipos de nutrientes en la dieta diaria: carbohidratos, proteínas, grasas, vitaminas, minerales y agua.

La digestión de los alimentos pasa por procesos de digestión mecánica, como la masticación, y por procesos de digestión química, como la acción de los ácidos estomacales.

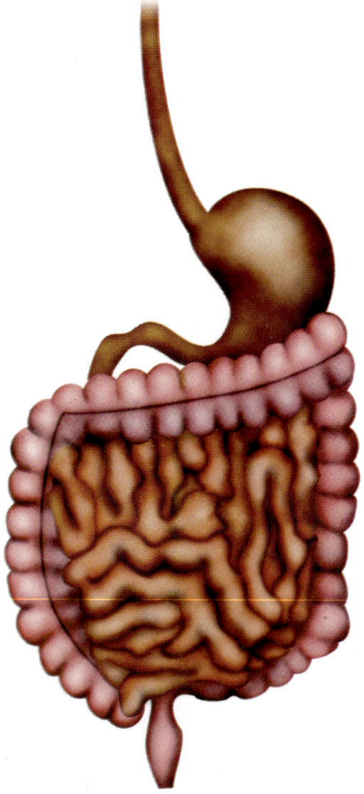

- la **respiración**, por medio de la cual se obtiene el oxígeno, que libera la energía que contienen;
- la **excreción**, por la cual se desechan aquellos nutrientes que no son utilizados.

Cada una de estas funciones es desempeñada por diferentes **sistemas**.

LA DIGESTIÓN DE LOS NUTRIENTES

Los seres humanos, como todos los animales, poseen un sistema especializado por medio del cual las sustancias alimenticias son transformadas completamente para ser asimiladas por todas las células. Este proceso se llama **digestión**.

Si tuviéramos la posibilidad de seguir el camino de nuestros alimentos, nos sorprenderíamos por la manera en que son reducidos hasta transformarse en moléculas que pasan del intestino delgado a la sangre, y de allí a las células del cuerpo. Pero la transformación no termina en las células. Por el contrario, estas son fábricas en miniatura donde se procesan las sustancias recibidas para obtener energía, o materia para reponer aquella que se pierde.

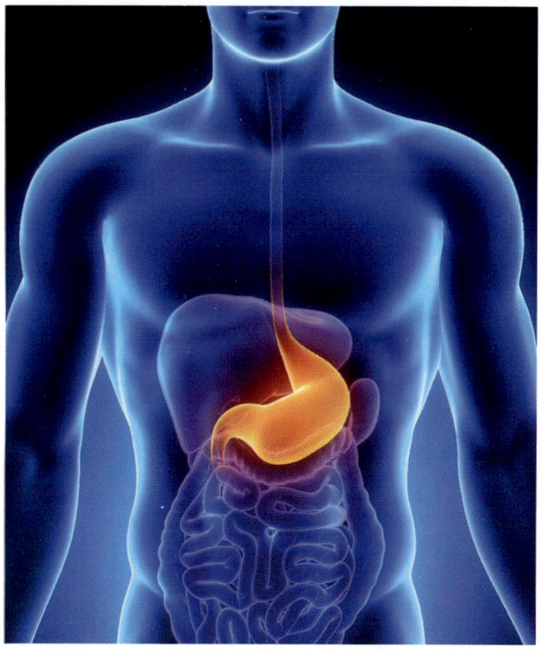

LA CIRCULACIÓN DE LOS NUTRIENTES

Para transportar las sustancias útiles desde el sistema digestivo hasta las células, contamos con el **sistema circulatorio**, que consta de una bomba (el corazón) y tubos cerrados (arterias, venas y capilares), por donde circula la sangre. Los nutrientes transformados por el sistema digestivo se encuentran disueltos en la sangre o están ligados a proteínas transportadoras.

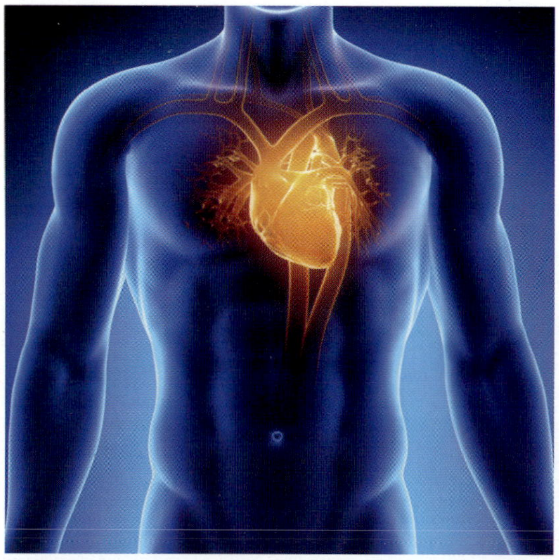

Pero la sangre transporta, además, el oxígeno, sustancia que el organismo utiliza para oxidar los nutrientes y obtener la energía vital. Y lleva los residuos de las reacciones metabólicas de las células hacia los pulmones, donde son eliminados cuando exhalamos aire, y hacia los riñones, donde se forma la orina.

Otra de las funciones de la sangre es conducir elementos de defensa.

LA RESPIRACIÓN

Es un proceso que culmina con la **oxidorreducción**, proceso que se produce en el interior de las células. Para llegar a esa instancia, el cuerpo posee un sistema de órganos: el **sistema respiratorio**. Gracias a él, obtenemos el oxígeno y eliminamos desechos producidos por la oxidorreducción: estos son el **dióxido de carbono** y el **vapor de agua**.

Existe una relación muy íntima entre los sistemas circulatorio y respiratorio. En los alvéolos pulmonares, rodeados por capilares sanguíneos, se realiza el intercambio gaseoso: el oxígeno pasa de los alvéolos a la sangre, que lo transporta a las células, y el dióxido de carbono y el vapor de agua pasan de la sangre a los alvéolos pulmonares, para ser eliminados durante la espiración.

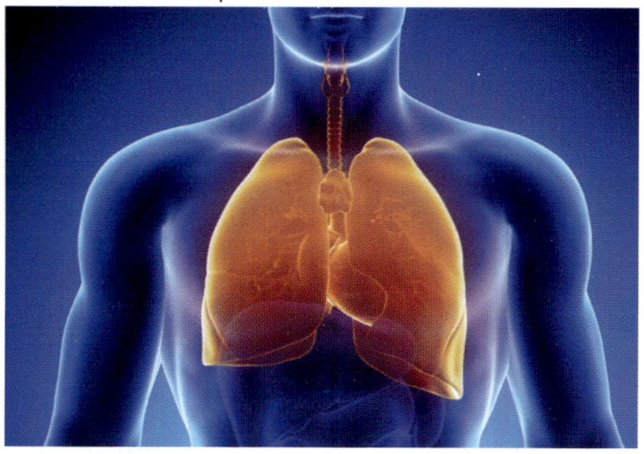

LA EXCRECIÓN

La célula puede ser comparada con una pequeña fábrica donde se obtienen productos y, como resultado de la actividad, se producen desechos. Como todo desecho es tóxico para el organismo, debe ser expulsado hacia el exterior. Para ello, el cuerpo cuenta con el **sistema excretor**, cuyos órganos principales son los riñones.

Dentro de ellos, se reciclan algunos desechos para volver a ser utilizados, y los que no pueden ser aprovechados forman la orina, que eliminamos durante la micción.

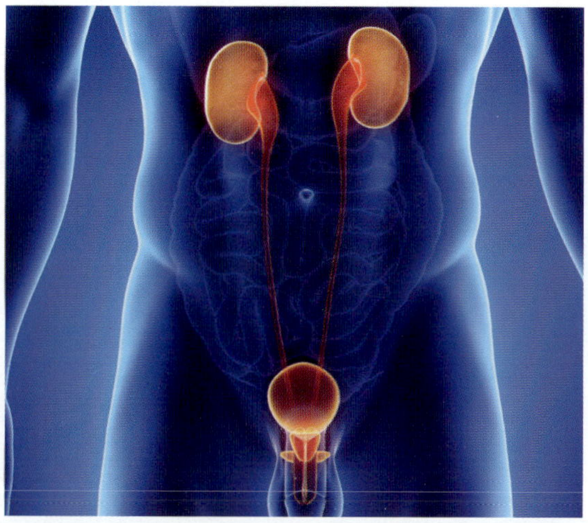

EL MOVIMIENTO

La capacidad de moverse está relacionada, en principio, con la necesidad –propia de los animales– de capturar el alimento y digerirlo. Posiblemente, la obtención de raíces y frutos, y la caza de animales, fueron las actividades principales de nuestros antepasados prehistóricos. Pero como el ser humano cuenta con facultades intelectuales, los movimientos del cuerpo se han ido relacionando con las nuevas adquisiciones: la fabricación de vestimentas, de herramientas, la comunicación oral y escrita...

En la actualidad, realizamos una infinidad de movimientos con múltiples propósitos, gracias a nuestro **sistema ósteo-artro-muscular**. Este está organizado en **huesos**, **articulaciones** y **músculos**. Los huesos protegen órganos, los sostienen y son los elementos pasivos pero fundamentales del movimiento. Los músculos protegen órganos y son los que reciben los impulsos nerviosos que producen su estiramiento o acortamiento, las dos fases del trabajo muscular.

LA RESPUESTA Y LA COORDINACIÓN

Ya dijimos que el cuerpo no es una suma de partes, sino que todos los componentes, en los distintos niveles de organización, actúan coordinadamente. El encargado de coordinar todas las funciones que llevan adelante los órganos, reunidos en sistemas, y las células del cuerpo, es el **sistema nervioso**. A través de sus células se transmiten los impulsos nerviosos que hacen que nos movamos, nos alimentemos y recibamos los estímulos internos y externos, entre otras actividades.

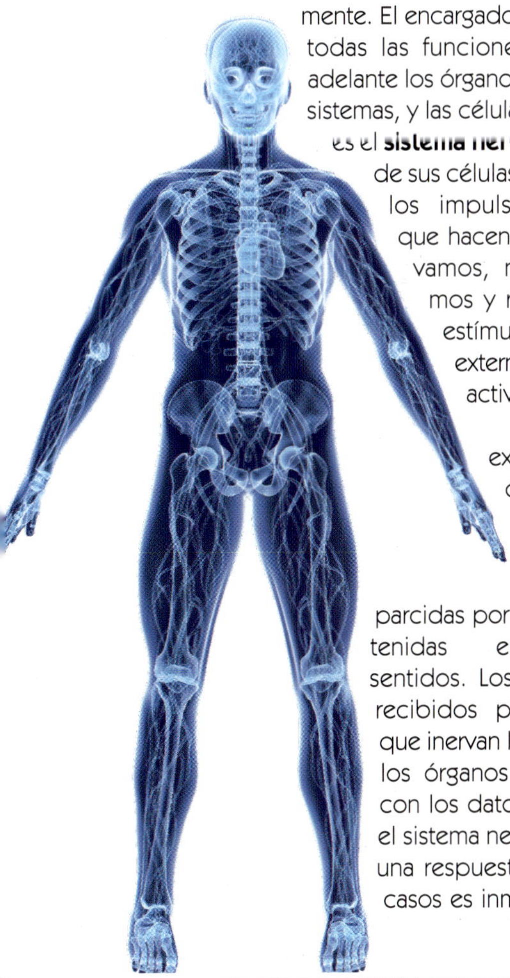

Los estímulos externos son recibidos por terminales nerviosas que están esparcidas por la piel o contenidas en nuestros sentidos. Los internos son recibidos por terminales que inervan las paredes de los órganos. De acuerdo con los datos que recibe, el sistema nervioso elabora una respuesta. En algunos casos es inmediata, como cuando tocamos o rozamos una llama con la mano, y la retiramos al instante. En cambio, algunas situaciones exigen una elaboración intelectual y, por lo tanto, la respuesta es más lenta. Por ejemplo, la adaptación a un empleo nuevo o la relación con nuevas amistades.

Podemos decir que las respuestas del cuerpo humano, por su grado de organización, son más complejas que las de cualquier otro ser vivo y precisan de un sistema muy especializado, ya que involucran un gran número de factores en forma simultánea.

DEFENSA E INMUNIDAD

Todo organismo tiene mecanismos de defensa contra las agresiones del medio ambiente. El cuerpo humano, a pesar de parecer tan vulnerable, posee un sistema que destruye muchos de los microorganismos nocivos que ingresan a él. La primera barrera que encuentran los factores patógenos es la **piel**. Si logran entrar, encuentran una segunda barrera, constituida por células sanguíneas que se encargan de fagocitarlos. Por último, el cuerpo cuenta con una barrera terciaria, conformada por **órganos linfoides** y **ganglios** (del sistema linfático) y la **médula ósea**.

REPRODUCCIÓN Y CRECIMIENTO

Los organismos nacen, crecen y mueren. El cuerpo humano proviene de la unión de una célula femenina y una masculina. A partir de la fecundación del óvulo por el espermatozoide, se forma un huevo o **cigoto**, que se desarrolla en el útero por la multiplicación (reproducción) de las células.

Por lo tanto, la reproducción celular es clave en el crecimiento de un nuevo ser y en su posterior desarrollo. La función de nutrición está sumamente relacionada con esta facultad, ya que aporta los materiales necesarios para la creación de nuevas células.

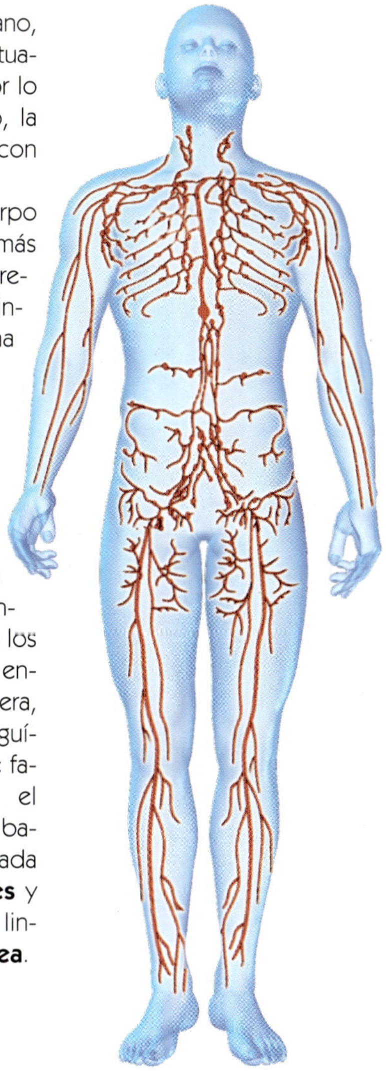

El sistema linfático es el principal componente del sistema inmunológico, es decir, de las defensas del cuerpo contra infecciones. La linfa, el líquido que circula por los vasos linfáticos, es la que transporta los glóbulos blancos para atacar los agentes patógenos.

El metabolismo basal (MB) es el gasto mínimo que realiza el cuerpo para mantener los procesos vitales, como la respiración, la circulación, la digestión, etc. Se mide en calorías o julios por metro cuadrado de superficie del cuerpo, por hora. Las hormonas que produce la tiroides son las principales reguladoras de la tasa metabólica basal.

La célula

La célula es la porción más pequeña de materia que puede tener existencia propia. Como todo organismo vivo, cumple una serie de funciones que conforman el metabolismo celular. Estas son: la nutrición, que mantiene a la célula con vida; la relación, que vincula a la célula con el medio; y la reproducción, que perpetúa la especie celular.

ESTRUCTURA

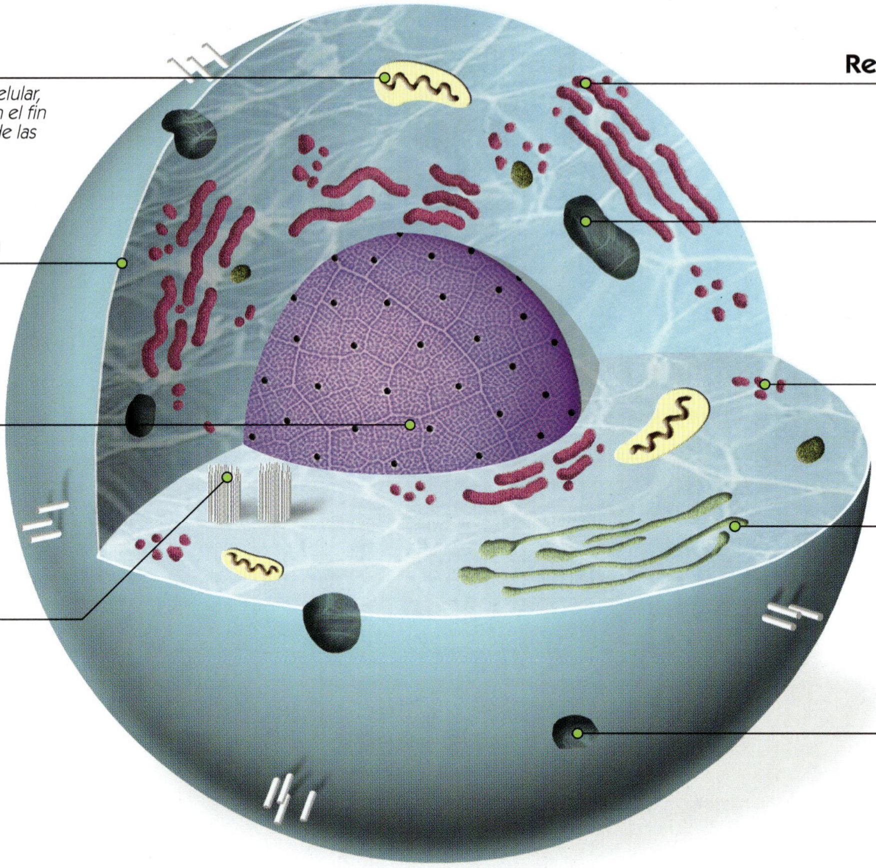

Mitocondrias
En ellas tiene lugar la respiración celular, que consiste en liberar energía con el fin de ser aprovechada en cada una de las actividades de la célula.

Membrana plasmática
Rodea a la célula. Presenta poros que permiten la entrada y la salida de sustancias a través de ella.

Núcleo celular
Compuesto por:
***Membrana nuclear:** rodea al núcleo, es semipermeable.*
***Jugo nuclear:** en él se halla la cromatina y el o los nucleolos.*

Centríolo
Está formado por nueve grupos de tres finos tubos cada uno. Intervienen en la reproducción celular.

Retículo endoplasmático
En su interior circulan sustancias de una a otra parte de la célula.

Lisosomas
Tienen forma de esfera y, en su interior, se hallan jugos que sirven para realizar la digestión celular.

Ribosomas
En ellos se elaboran sustancias complejas a partir de sustancias simples.

Aparato de Golgi
Se encarga de reservar las sustancias que segregan las células.

Vacuola
Son espacios que se llenan de agua y de otras sustancias.

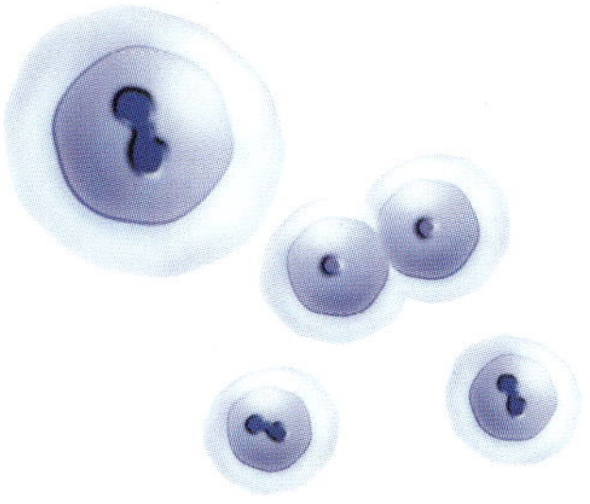

Reproducción directa

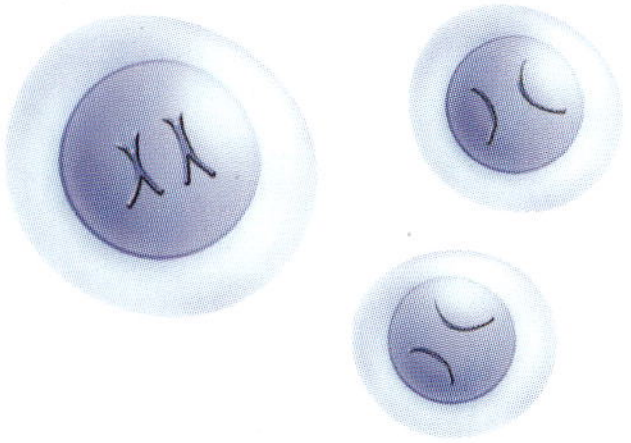

Reproducción reduccional o meiosis

LA REPRODUCCIÓN CELULAR

DIRECTA

Tiene lugar en células sencillas que carecen de núcleo diferenciado, por ejemplo, bacterias. El protoplasma se estrangula y el material celular se reparte entre las células hijas.

INDIRECTA O MITOSIS

Es la forma más común de división celular, y tiene lugar en células somáticas (del cuerpo) que presentan doble número de cromosomas (diploides). Consiste en duplicar y distribuir los cromosomas en los núcleos de las dos células resultantes.

REDUCCIONAL O MEIOSIS

Da origen a los gametos (óvulos y espermatozoides). Las células resultantes quedan con la mitad de cromosomas, es decir, son haploides. En la fecundación, estas células se unen y recomponen en la célula huevo o cigoto, el número cromosomático de la especie.

LA MITOSIS

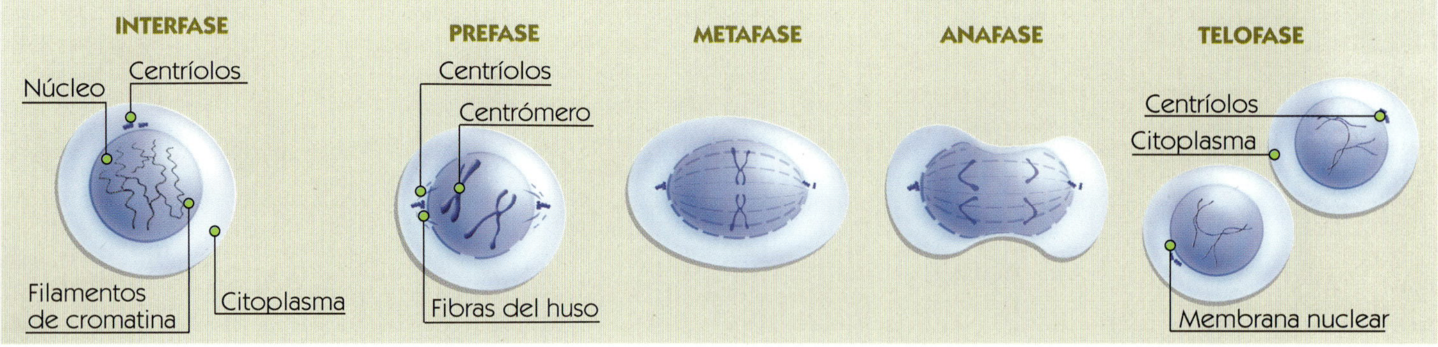

Los tejidos

Los tejidos son conjuntos de células semejantes que cumplen una determinada función para el organismo. En el cuerpo humano se distinguen cuatro tipos de tejidos, que cumplen diferentes funciones: de protección, de conexión, de movimiento y de estímulo.

TEJIDO EPITELIAL

Cumple con la función de protección, por eso sus células se encuentran muy unidas. De acuerdo con el lugar del cuerpo en que esté ubicado recibe distintos nombres:

- la **epidermis** conforma la superficie exterior del cuerpo;
- el **endotelio** recubre el interior del corazón y los vasos sanguíneos;
- el **epitelio** envuelve el interior de los órganos de los aparatos digestivo, respiratorio, urinario y reproductor, y está conformado por numerosas capas o estratos (**epitelio estratificado**).

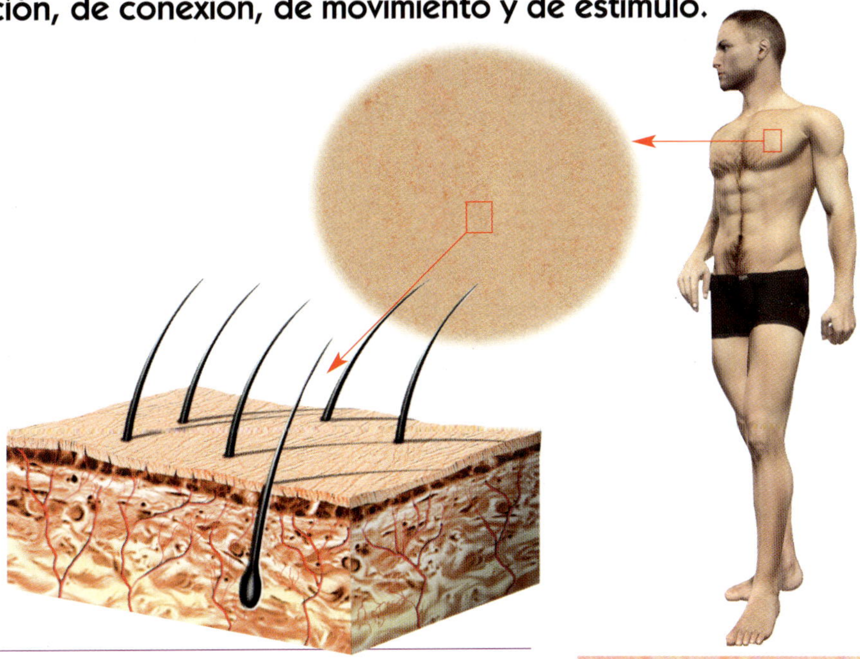

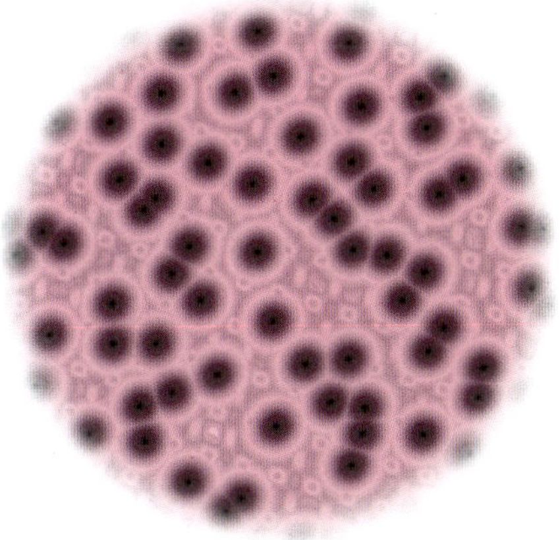

TEJIDO CONECTIVO

Tiene por función la conexión de todos los tejidos de nuestro cuerpo. Está formado por **células**, **fibras** y **sustancia intercelular**. Según su función puede dividirse en tejidos conectivos especializados (por ejemplo: tejido adiposo, tejido óseo, tejido sanguíneo), o no especializados (por ejemplo: tejido conectivo mucoso, tejido conectivo reticular).

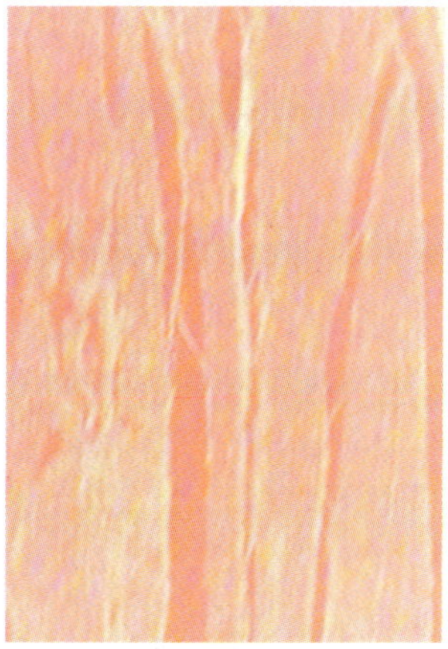

TEJIDO MUSCULAR

Son todos los músculos del cuerpo, que cumplen la función de brindar movimiento al esqueleto. Sus células tienen gran capacidad para contraerse y estirarse. El aspecto de estas células es alargado, razón por la cual se las denomina **fibras**. Se divide en tres categorías:

- tejido muscular **liso**;
- tejido muscular **estriado**;
- tejido muscular **cardíaco**.

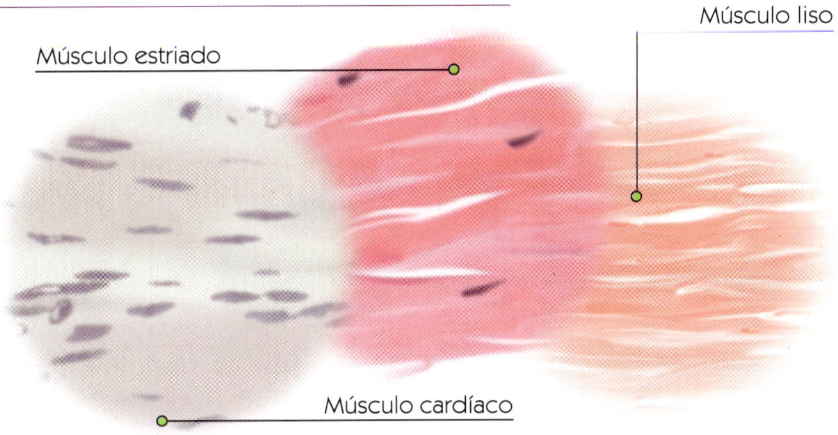

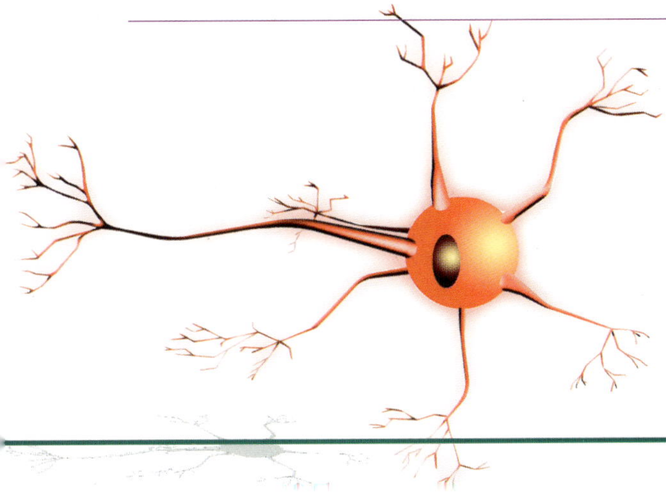

TEJIDO NERVIOSO

Desarrolla la función de estímulo y está formado por células especializadas en la recepción de las señales externas (frío, calor, presión, luz, etc.) llamadas **neuronas**. Estas responden a los estímulos a través de una onda de excitación, denominada **impulso nervioso**, que transmiten a otras células.

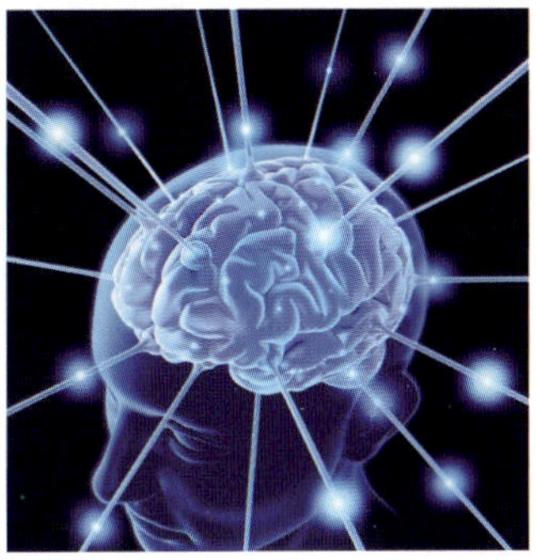

El esqueleto

El esqueleto es el soporte de todo el organismo y forma parte del sistema óseo-artro-muscular. Está formado por numerosas piezas óseas, resistentes y duras, llamadas huesos (aproximadamente 206, de los cuales 34 son impares), que se relacionan entre sí. Los huesos cumplen diversas funciones:

- **Sostener las partes blandas del organismo.**
- **Integrar palancas que, mediante articulaciones y músculos, determinan los movimientos del cuerpo.**
- **Formar cavidades donde se alojan importantes y delicados órganos (corazón, pulmones, encéfalo).**
- **Modelar el cuerpo.**

CLASIFICACIÓN DE LOS HUESOS

HUESOS LARGOS

Tienen forma cilíndrica y poseen más longitud que grosor. Se dividen en dos extremos o **epífisis** –proximal y distal–, y el cuerpo óseo o **diáfisis**. Generalmente se encuentran en las extremidades.

Hueso húmero

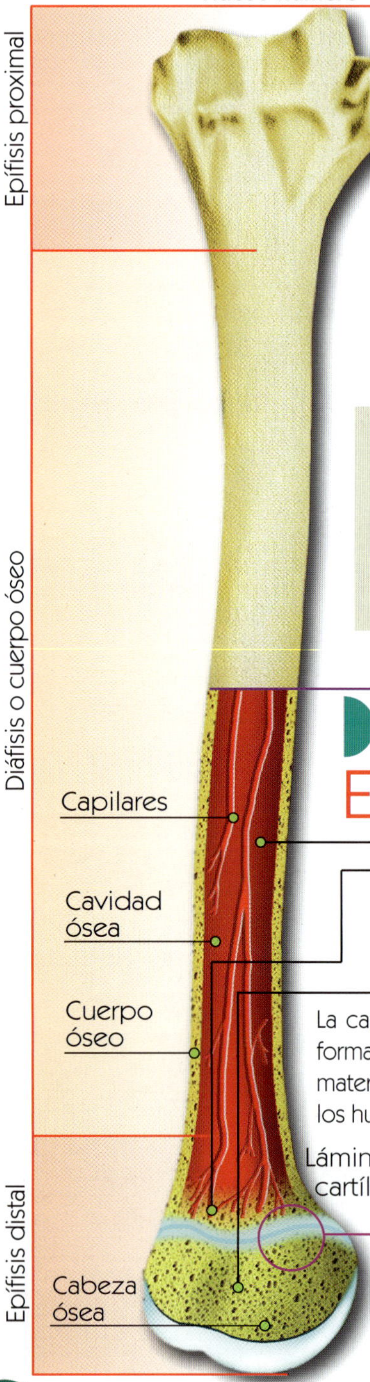

HUESOS ANCHOS O PLANOS

Poseen una zona externa, también llamada **diploe**, y otra interna.

Hueso frontal

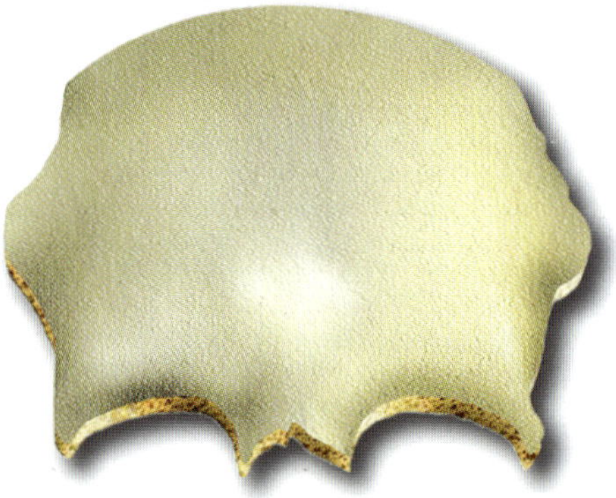

HUESOS CORTOS

Sus tres dimensiones son prácticamente iguales. Son muy resistentes pero poseen poca movilidad, razón por la cual su principal función es la de amortiguación.

Hueso pisiforme

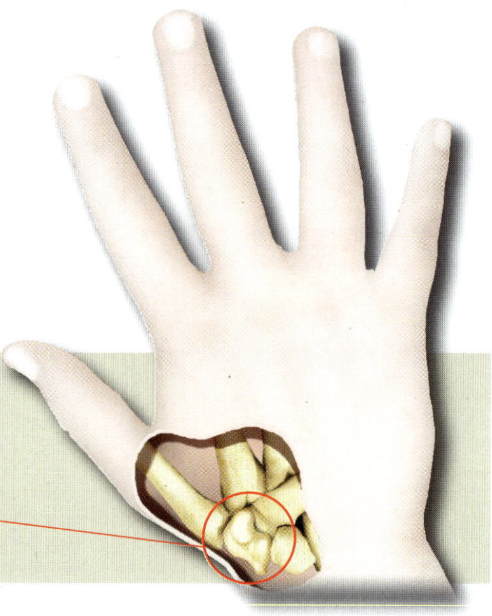

El hueso pisiforme es un hueso corto que se encuentra en la muñeca. Tiene forma de guisante (a lo que debe su nombre) y posee cuatro caras y dos extremos, superior e inferior.

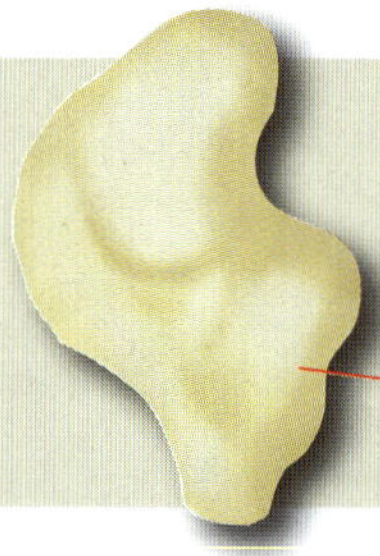

LOS HUESOS POR DENTRO

El hueso puede dividirse en tres capas, yendo desde fuera hacia dentro: la primera es la capa externa o **periostio**, luego, la capa interna o **hueso esponjoso**, y finalmente el **cartílago**.

La capa externa o **periostio** está formada por columnas sólidas de material óseo. Cubre el cuerpo de los huesos de las extremidades.

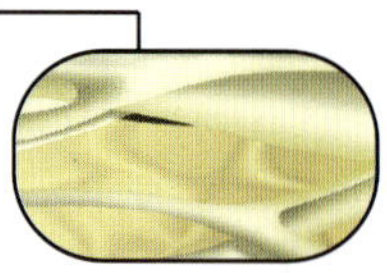

La capa interna o **hueso esponjoso** es blanda y presenta pequeñas cavidades ocupadas por vasos sanguíneos, grasa y médula ósea.

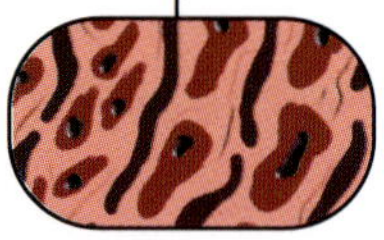

El **cartílago** es el material que constituye el esqueleto del feto antes del nacimiento. Este es reemplazado en forma gradual por el hueso.

Lámina de cartílago

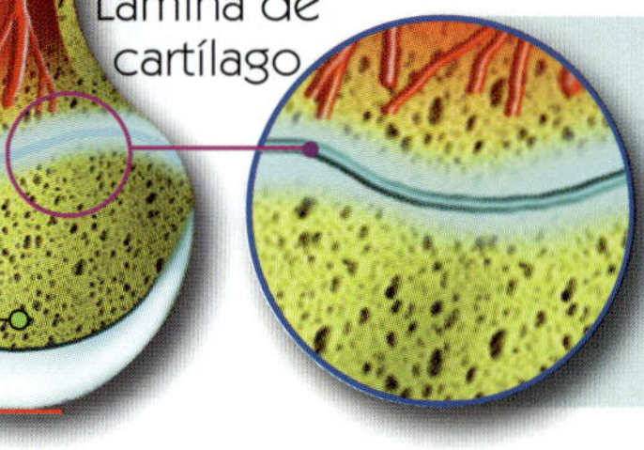

¿CÓMO CRECEN LOS HUESOS?

La fina capa de cartílago que se encuentra entre la cabeza ósea y el cuerpo del hueso está constituida por células que se dividen constantemente, dando origen a un nuevo cartílago que luego es reemplazado por un hueso. Este proceso recibe el nombre de osificación y, gracias a él, los huesos crecen.

LAS ARTICULACIONES

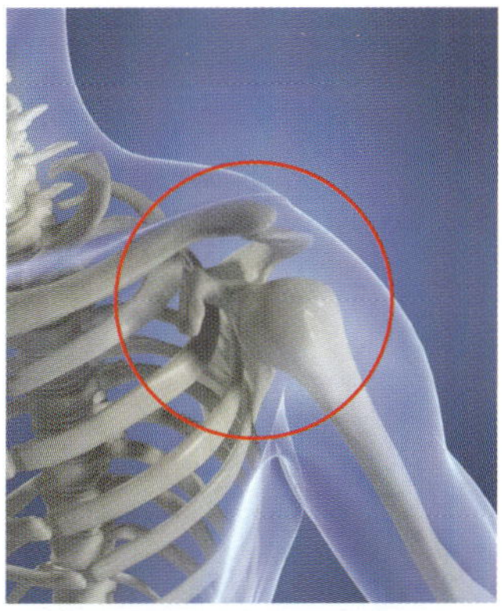

Las articulaciones son el complemento imprescindible para que los huesos puedan organizarse y formar el esqueleto. Cumplen dos importantes funciones: mantienen unidos los huesos y permiten, en grado variable, la libertad de movimiento. Pueden clasificarse en tres categorías: móviles o **diartrosis**; semimóviles o **anfiartrosis**; e inmóviles o **sinartrosis**, también llamadas **suturas**.

MÓVILES o DIARTROSIS

Corresponden fundamentalmente al esqueleto de los miembros. Los huesos que intervienen en este tipo de articulación están unidos por ligamentos que evitan la dislocación. Pueden ser articulaciones de cuatro tipos diferentes:

PIVOTE

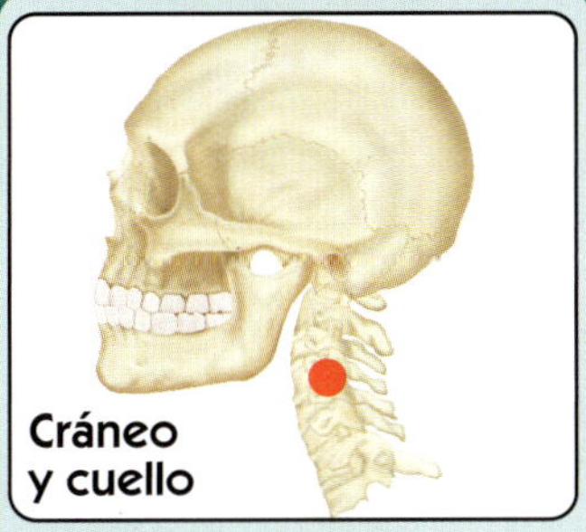

Ejecuta los movimientos de rotación limitados.

BISAGRA

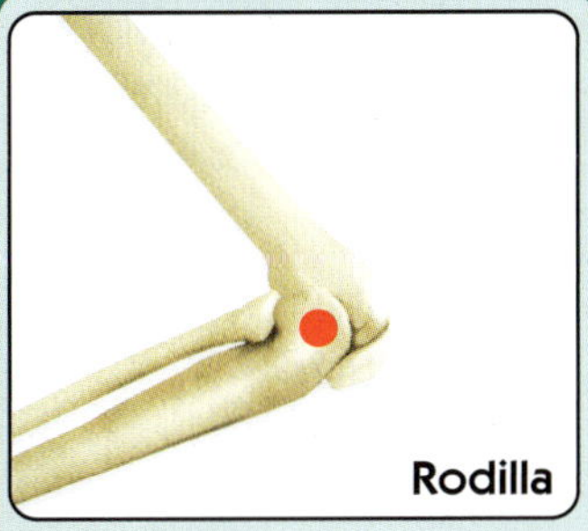

Ejecuta los movimientos de flexión y extensión.

SILLA DE MONTAR

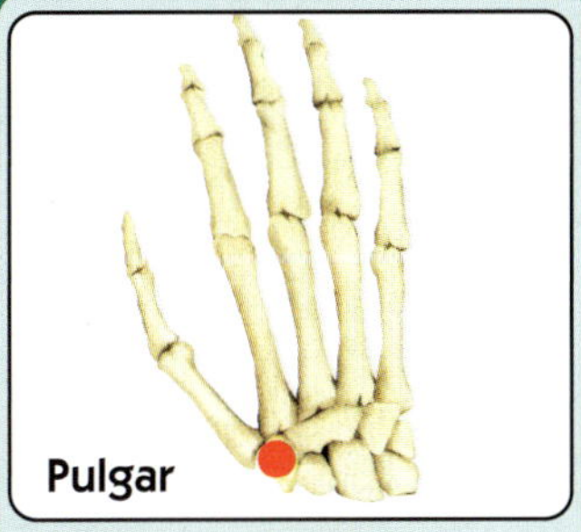

Ejecuta los movimientos de rotación, flexión y separación.

CABEZA Y CAVIDAD

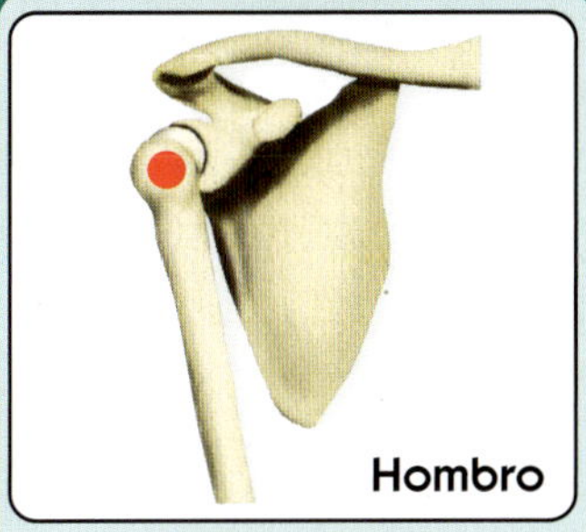

Ejecuta todos los movimientos con una gran amplitud.

- Articulación bisagra (diartrosis).
- Articulación cabeza y cavidad (diartrosis).
- Articulación pivote (diartrosis).
- Articulación silla de montar (diartrosis).
- Articulación semimóvil (anfiartrosis).
- Articulación inmóvil (sinartrosis).

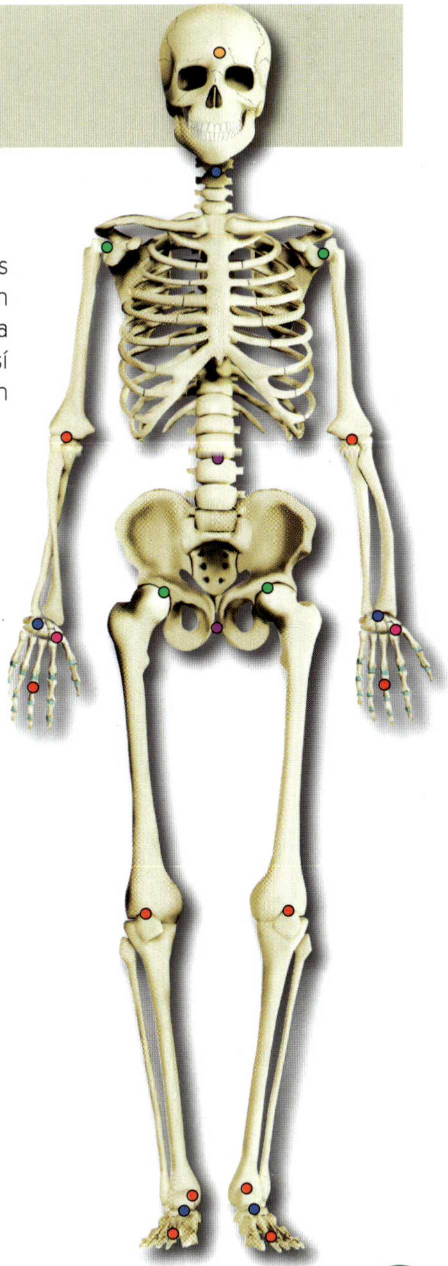

SEMIMÓVILES o ANFIARTROSIS

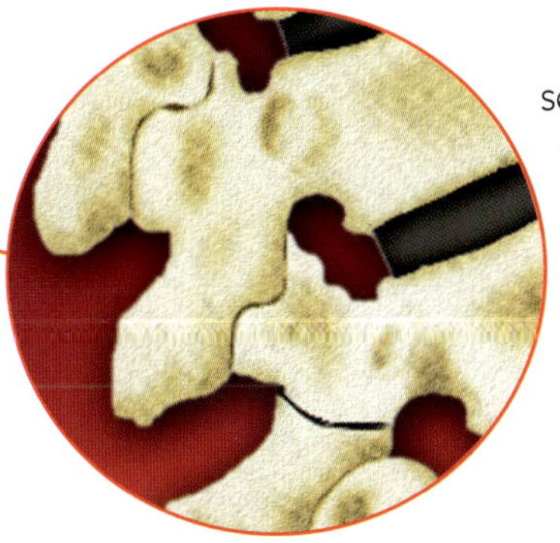

En esta clase de articulaciones, los huesos se encuentran separados por cartílagos. Un ejemplo de este tipo de articulación es la columna vertebral, cuyas vértebras, por sí mismas, no tienen movimiento; pero, en su conjunto, presenta gran movilidad.

INMÓVILES o SINARTROSIS

Son propias de los huesos de la cara y del cráneo (excepto el maxilar inferior), ya que su función es unir más que dar movilidad. Son de cuatro tipos.

DENTADAS

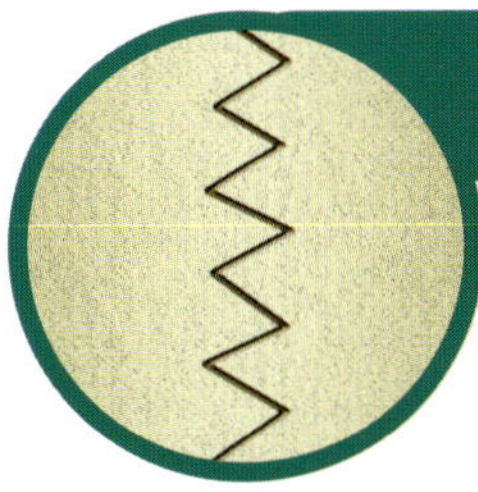

Presentan forma de dientes que encajan unos con otros.

ARMÓNICAS

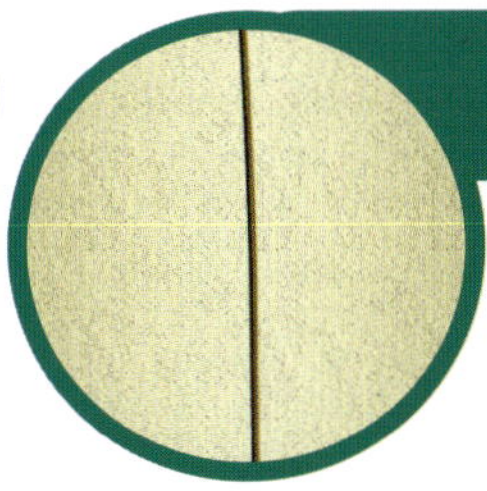

Presentan forma plana o lisa, y se articulan perfectamente.

ESCAMOSAS

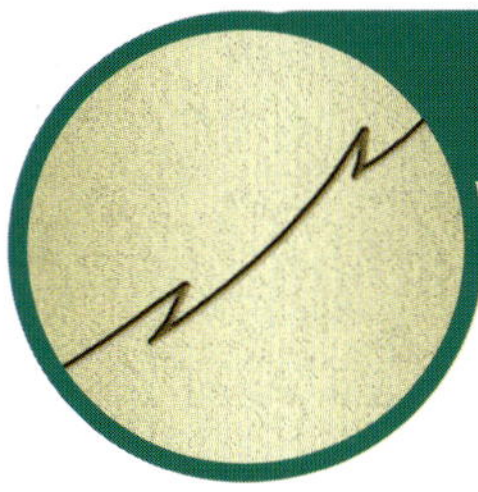

Presentan forma de escamas.

ESQUINDILESIS

Una presenta forma de cresta y la otra de ranura, y se encastran perfectamente.

Visión frontal del esqueleto

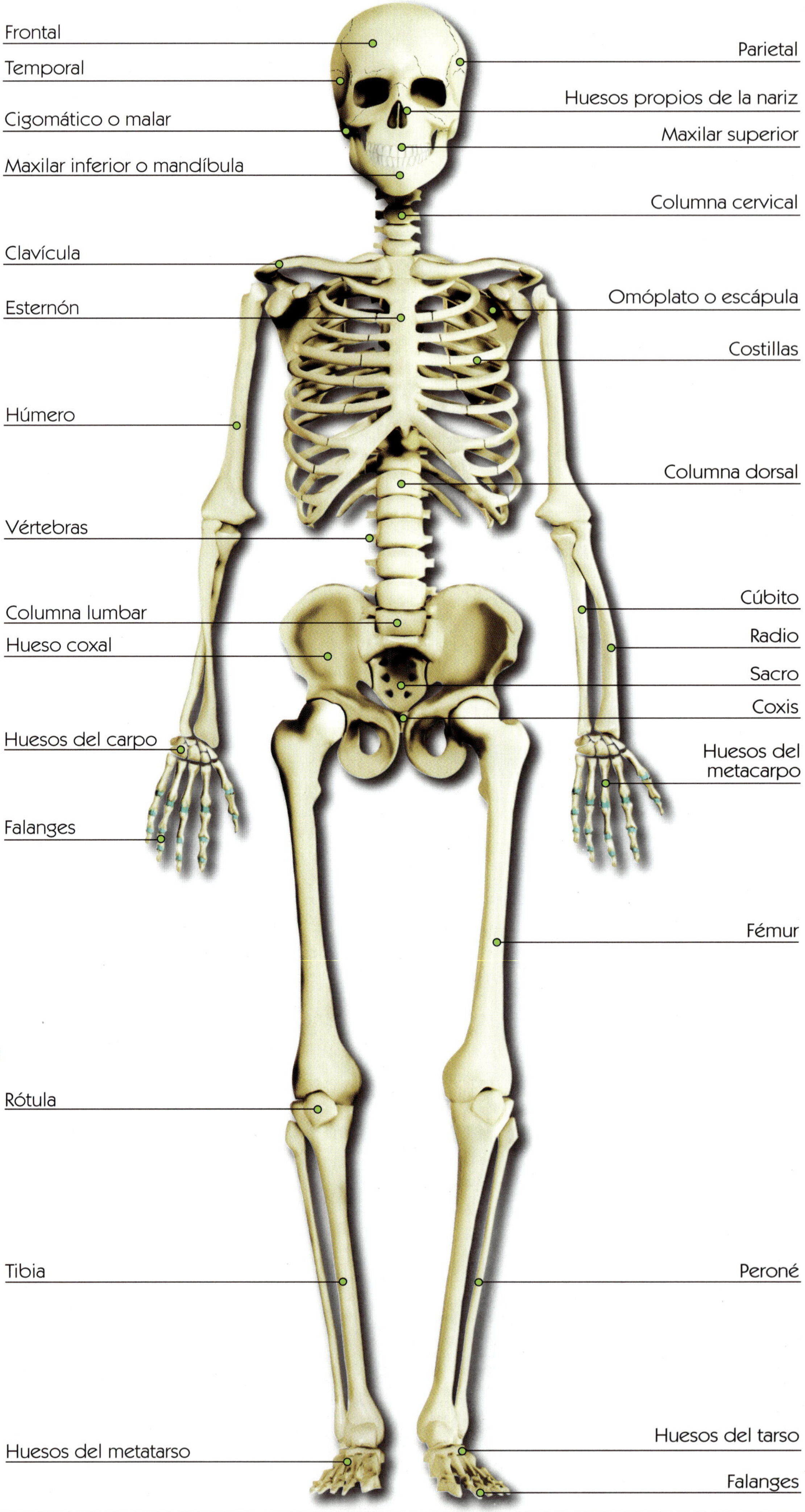

El esqueleto humano tiene entre 206 y 210 huesos, y todos están conectados entre sí, formando un continuo, a excepción del hueso hioides, que se ubica debajo de la lengua, separado del resto.

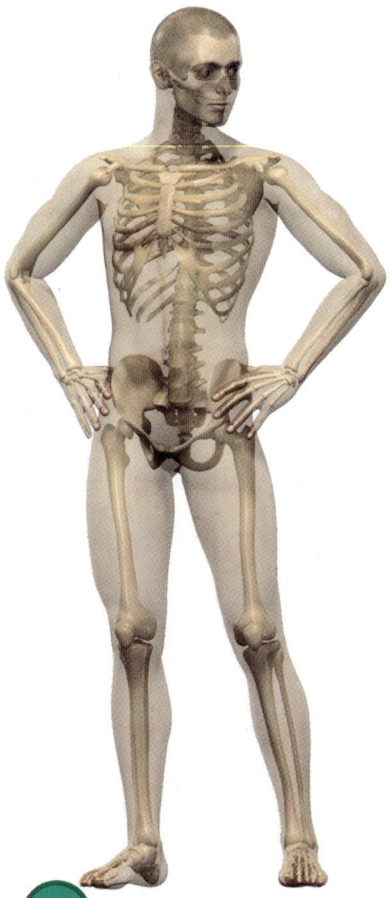

Visión dorsal del esqueleto

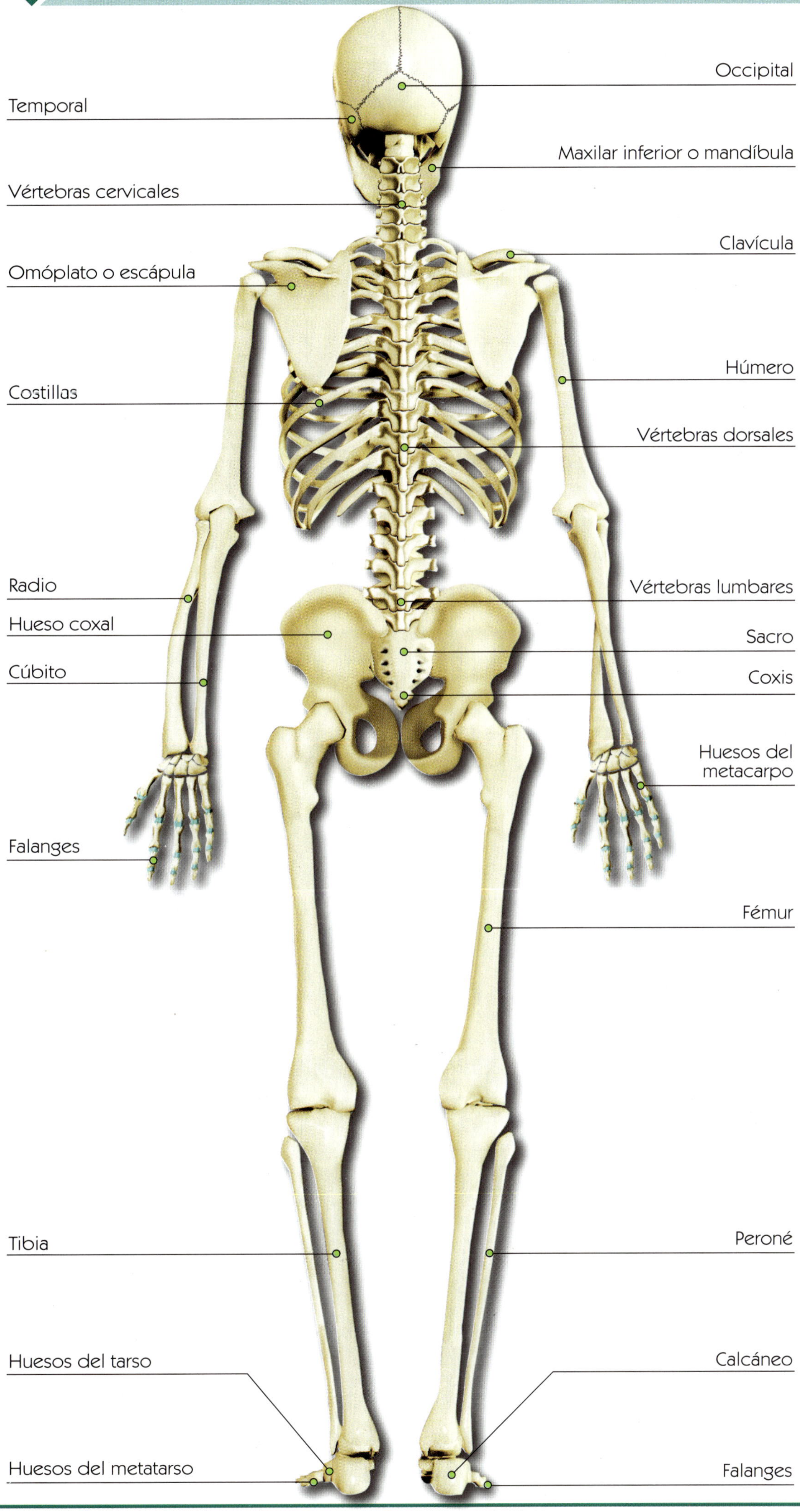

El hueso más largo del cuerpo humano es el fémur, ubicado en la parte superior de la pierna. Este hueso tiene aproximadamente un cuarto de la altura total de la persona. En el extremo opuesto, el hueso más corto del esqueleto es el estribo, que se encuentra en el oído medio. Este suele medir entre 2,5 y 3 mm.

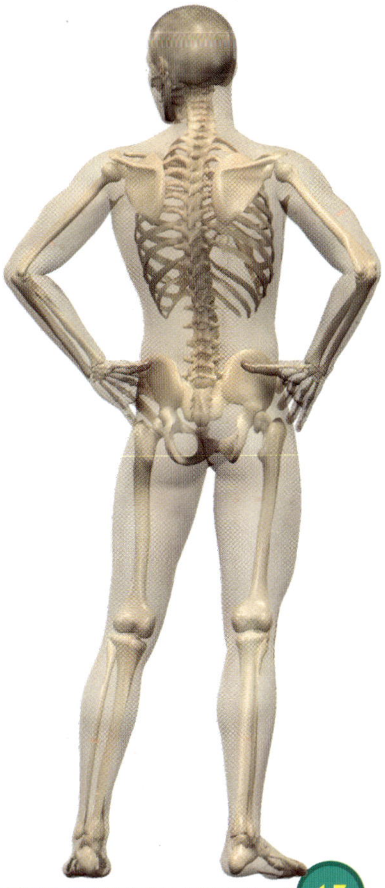

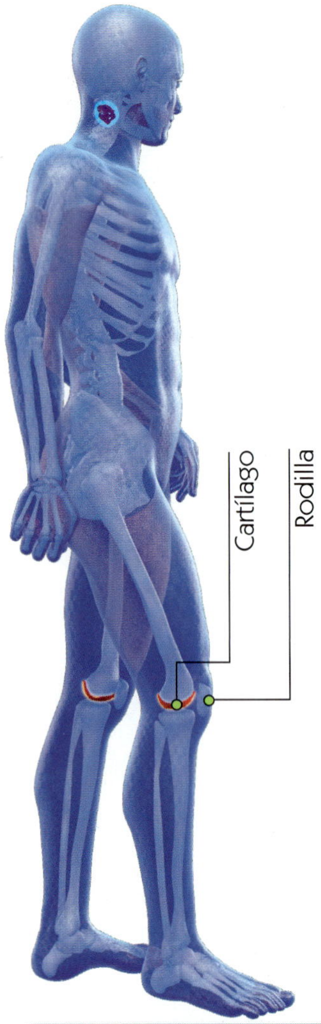

ELEMENTOS NO ÓSEOS DE LAS ARTICULACIONES

Existen diferentes tipos de elementos no óseos que ayudan al movimiento y preservación de las articulaciones. Su presencia depende de la movilidad de cada articulación.

CARTÍLAGO ARTICULAR

Es un tejido elástico y resistente; permite el deslizamiento de las superficies articulares, evita el desgaste y actúa de amortiguador.

MEMBRANA SINOVIAL

Es una "bolsa" que recubre la superficie interna de la cavidad articular. Segrega el líquido sinovial, que lubrica y nutre a los cartílagos.

CÁPSULA ARTICULAR

Es una membrana fibrosa; envuelve la articulación y proporciona estabilidad. Se presenta en las articulaciones sometidas a mayor tensión.

MENISCOS

Son dos estructuras semilunares que se encuentran en la articulación de la rodilla y le confieren mayor estabilidad.

LIGAMENTOS

Son estructuras fibrosas que dan firmeza y limitan la amplitud de movimiento.

LA RODILLA

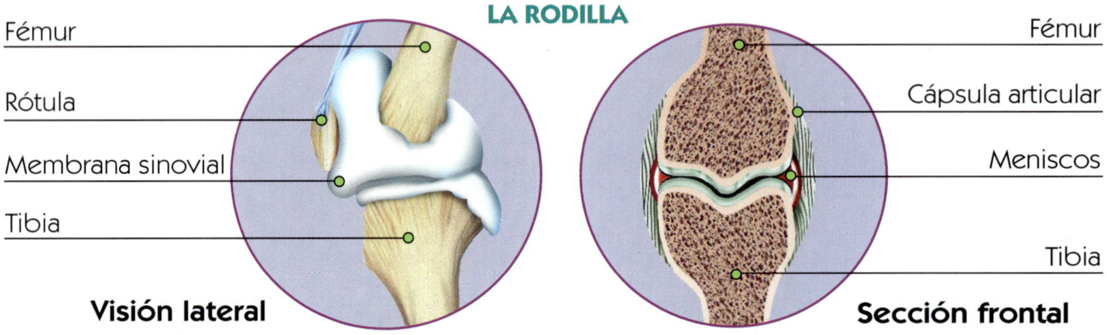

Visión lateral **Sección frontal**

HUESOS Y LIGAMENTOS DE LAS MANOS

Visión dorsal de los huesos de la mano

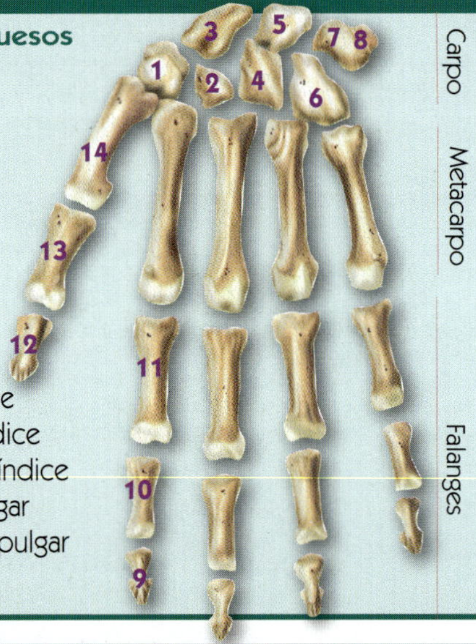

1 Trapecio
2 Trapezoides
3 Escafoides
4 Grande
5 Semilunar
6 Ganchoso
7 Piramidal
8 Pisiforme
9 Falange distal del índice
10 Falange media del índice
11 Falange proximal del índice
12 Falange distal del pulgar
13 Falange proximal del pulgar
14 1er. Metacarpiano

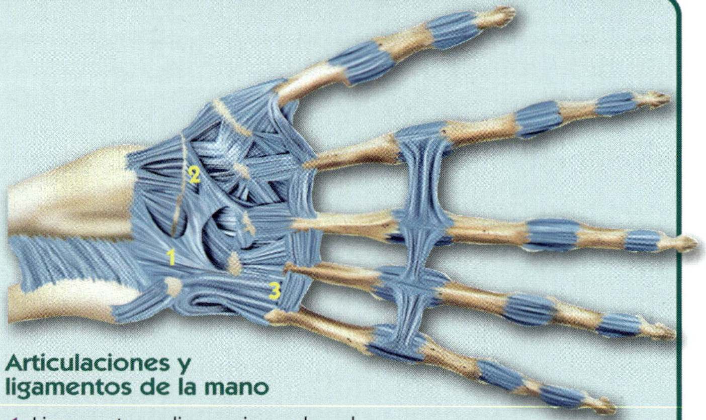

Articulaciones y ligamentos de la mano

1 Ligamento radiocarpiano dorsal
2 Ligamentos intercarpianos
3 Ligamentos carpometacarpianos

HUESOS Y LIGAMENTOS DE LOS PIES

Visión lateral de los huesos del pie

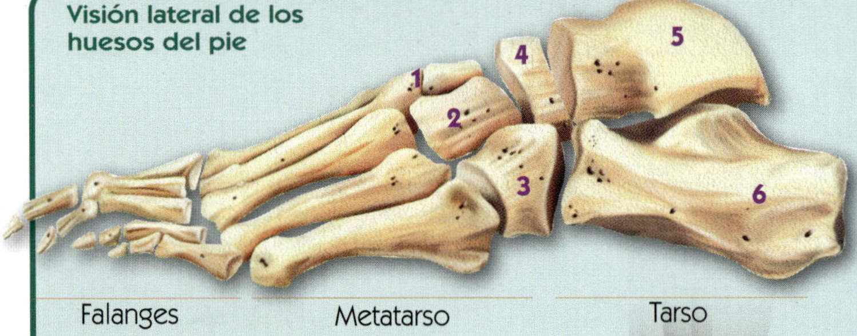

1 Cuneiforme intermedio
2 Cuneiforme lateral
3 Cuboides
4 Escafoides
5 Astrágalo
6 Calcáneo

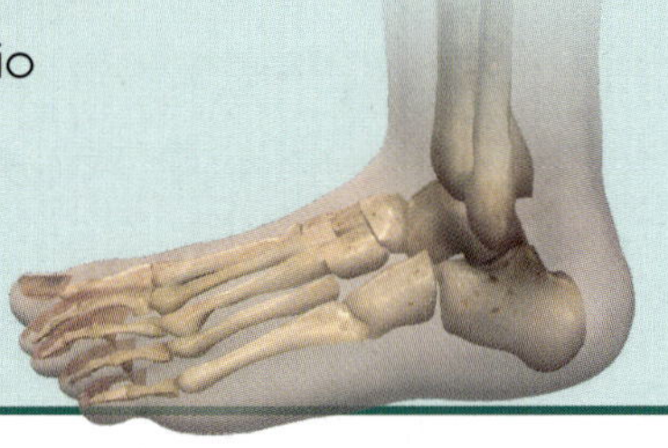

Articulaciones y ligamentos del pie

1 Ligamento escafocuboideo
2 Ligamento astrágalo calcáneo
3 Ligamento peroneo calcáneo
4 Ligamento peroneo astragalino
5 Ligamento plantar largo
6 Tendón del músculo peroneo lateral corto
7 Ligamento calcaneocuboideo
8 Ligamentos tarsometatarsianos dorsales
9 Ligamentos metatarsianos dorsales
10 Ligamentos metatarsofalángicos
11 Ligamentos interfalángicos
12 Ligamentos metatarsiales transversales
13 Ligamento tibioperoneo

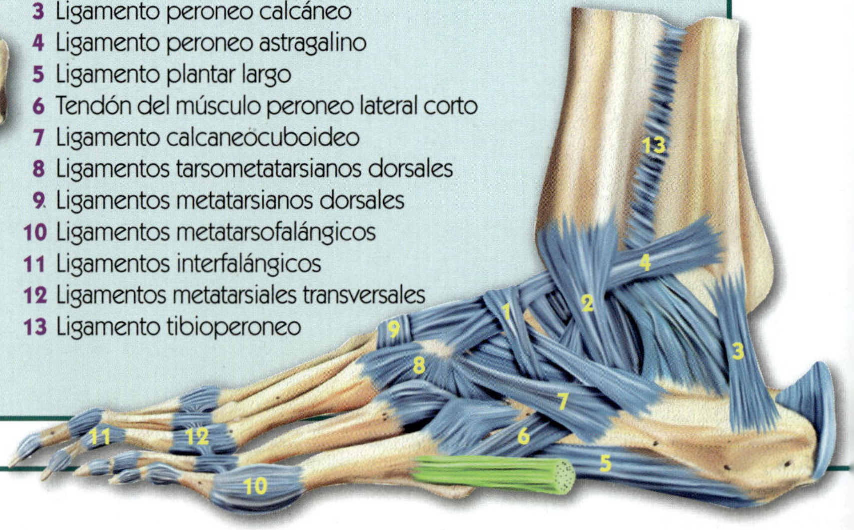

El tórax y la pelvis

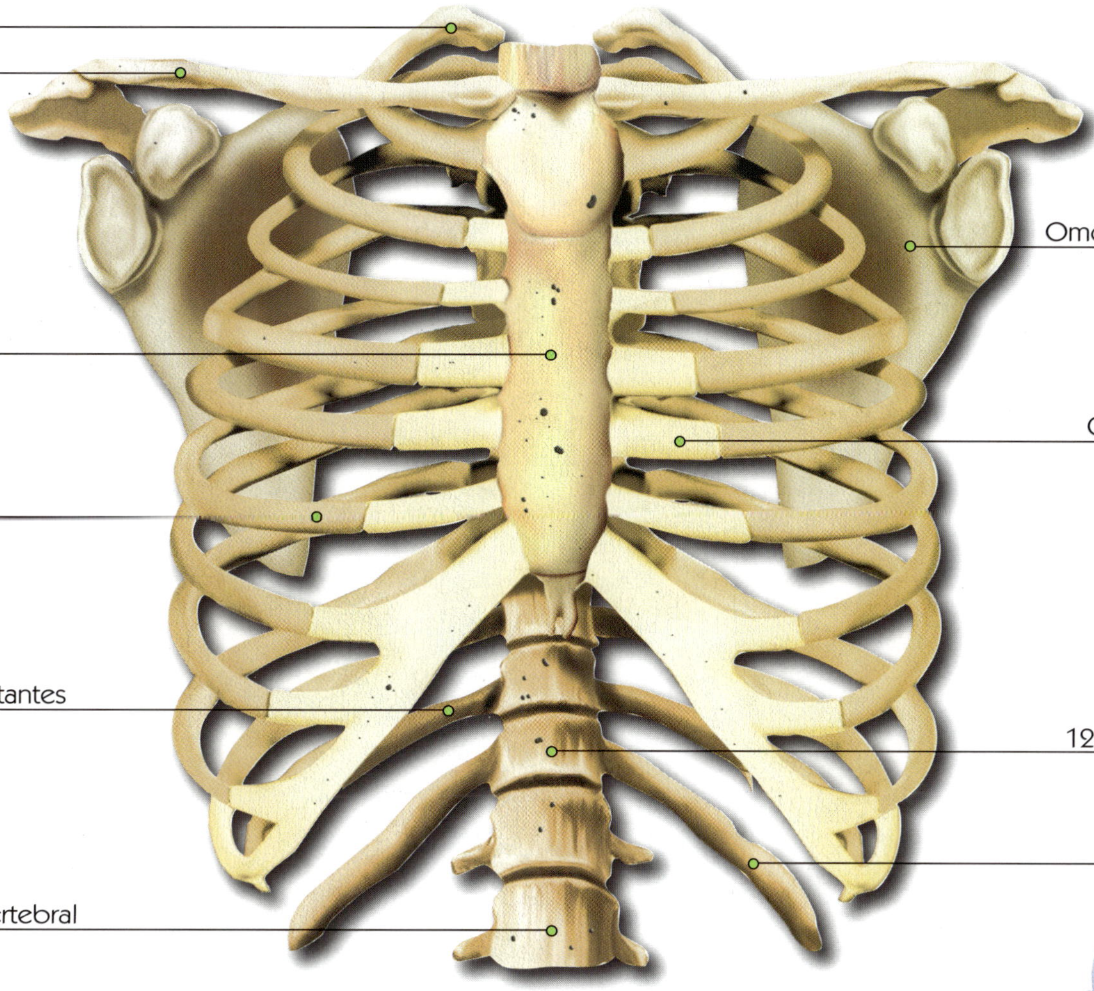

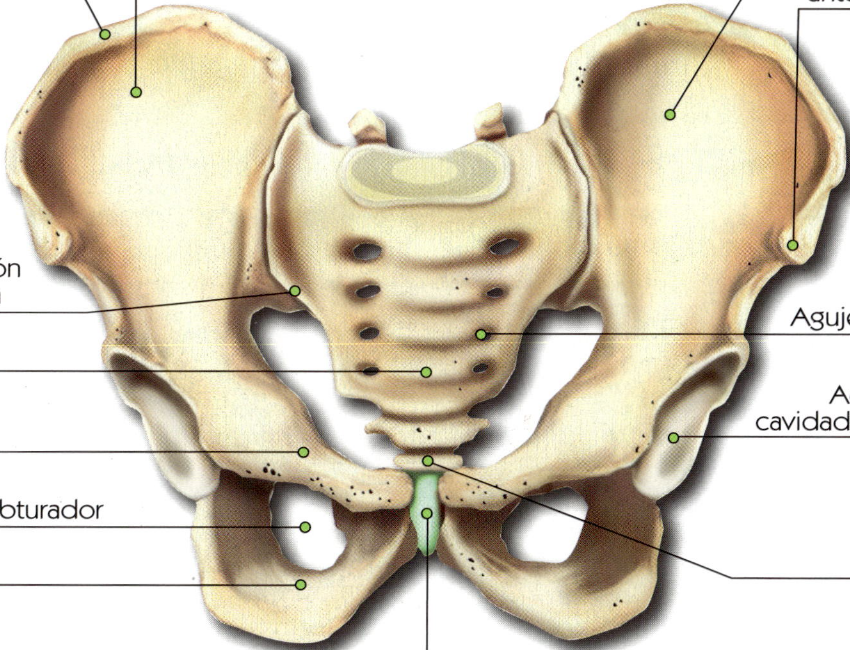

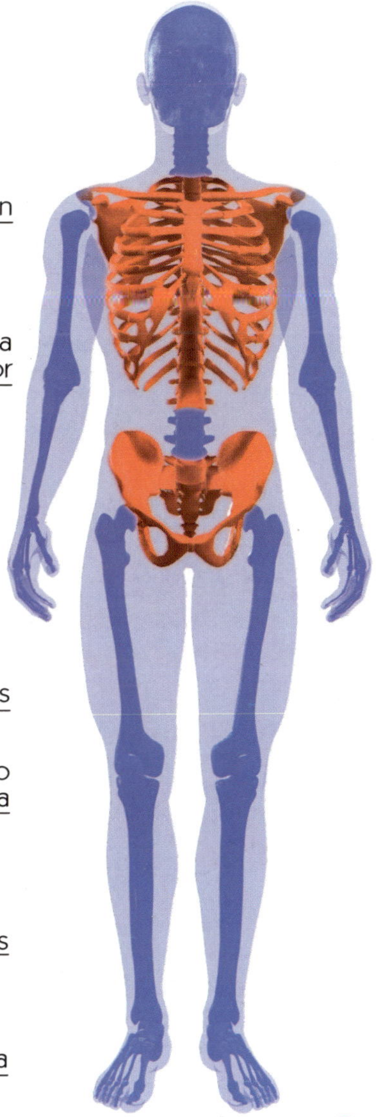

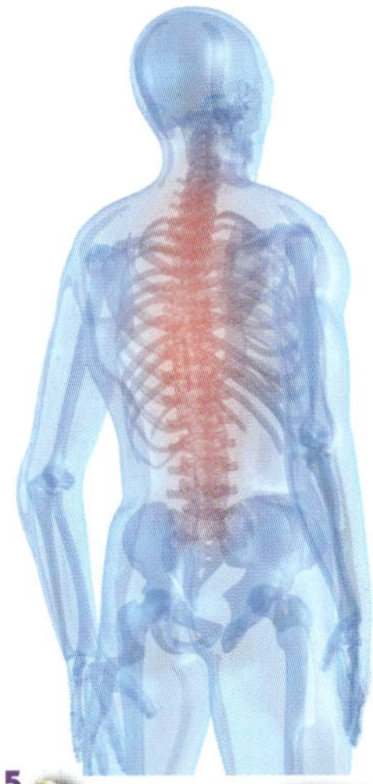

LA COLUMNA VERTEBRAL

También conocida como **espina dorsal**, la columna vertebral es un elemento fundamental del esqueleto. Es la que determina el eje vertical del cuerpo y da sostén al cráneo uniéndolo a la pelvis. Está compuesta por vértebras de diferentes tipos, dependiendo su ubicación.

Se divide en cuatro porciones:

- la porción **cervical;**
- la porción **dorsal;**
- la porción **lumbar;**
- la porción **pélvica** o **sacrocoxígea.**

LAS VÉRTEBRAS CERVICALES

Son siete y se sitúan en el cuello. Al ser más delgadas que el resto, gozan de mayor movilidad. La primera de ellas, llamada **atlas**, es una vértebra incompleta, pues no posee cuerpo vertebral, y los demás elementos –principalmente la apófisis– están reducidos. La articulación de esta con la segunda vértebra, el **axis**, permite la rotación lateral del cuello.

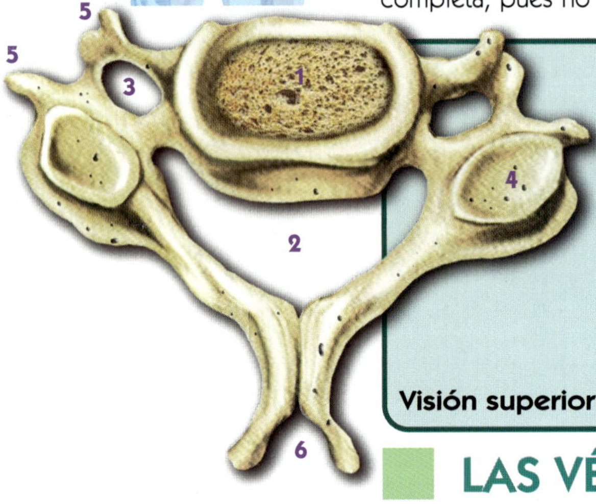

Visión superior

1 Cuerpo vertebral
2 Agujero vertebral
3 Agujero transverso
4 Carilla articular
5 Apófisis transversas
6 Apófisis espinosa

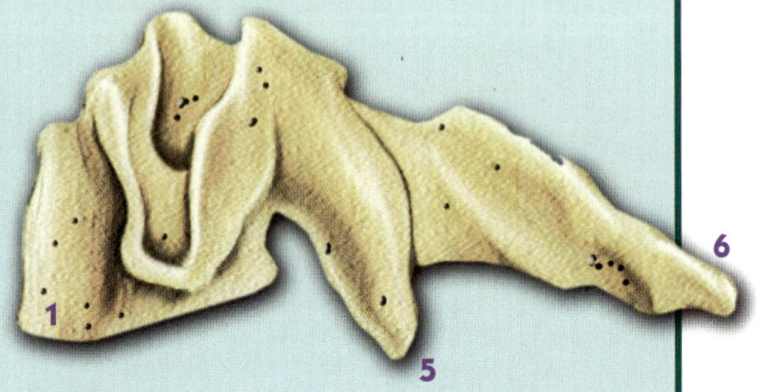

Visión lateral

LAS VÉRTEBRAS DORSALES

Son doce, y están ubicadas a continuación de las vértebras cervicales, en sentido descendente. Corresponden a la zona de la espalda, y presentan mayor grosor y menor movilidad que las anteriores. Las primeras diez tienen unas carillas articulares, que les permiten articularse con las costillas.

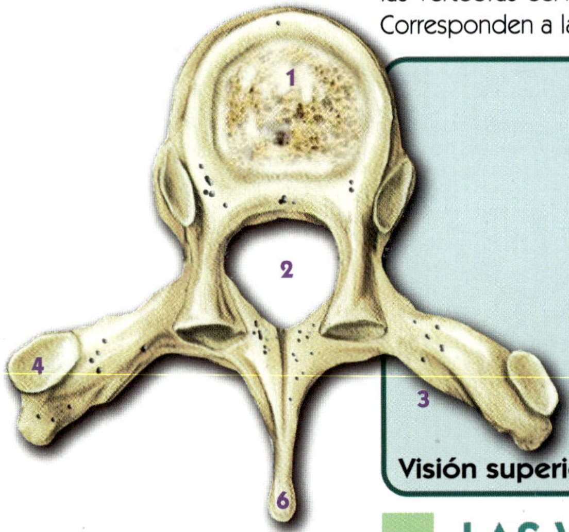

Visión superior

1 Cuerpo vertebral
2 Agujero vertebral
3 Agujero transverso
4 Carilla articular
5 Apófisis articulares
6 Apófisis espinosa

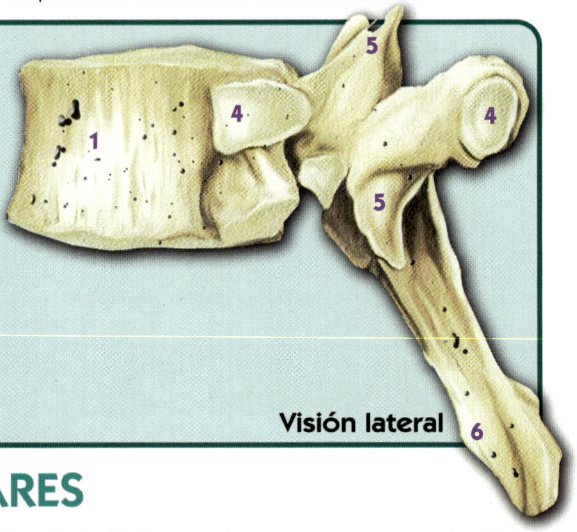

Visión lateral

LAS VÉRTEBRAS LUMBARES

Son cinco, y están situadas entre la porción dorsal y el sacro. Corresponden a la zona de la cintura. Son las vértebras más gruesas y poseen bastante movilidad.

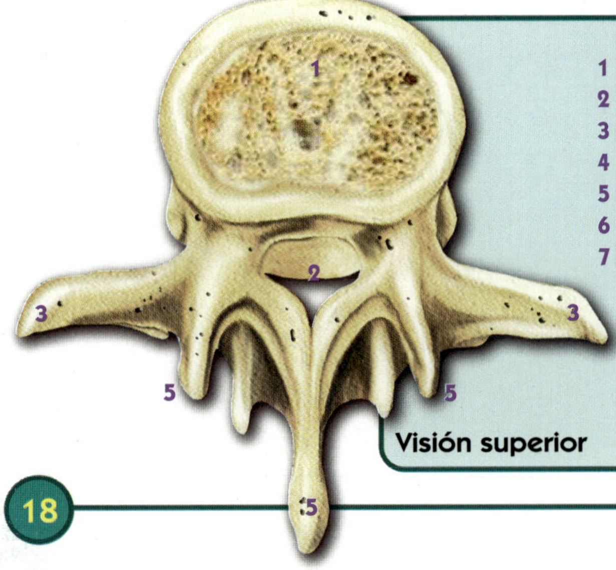

Visión superior

1 Cuerpo vertebral
2 Agujero vertebral
3 Agujero transverso
4 Apófisis articulares
5 Apófisis espinosa
6 Apófisis vertebral
7 Pedículo vertebral

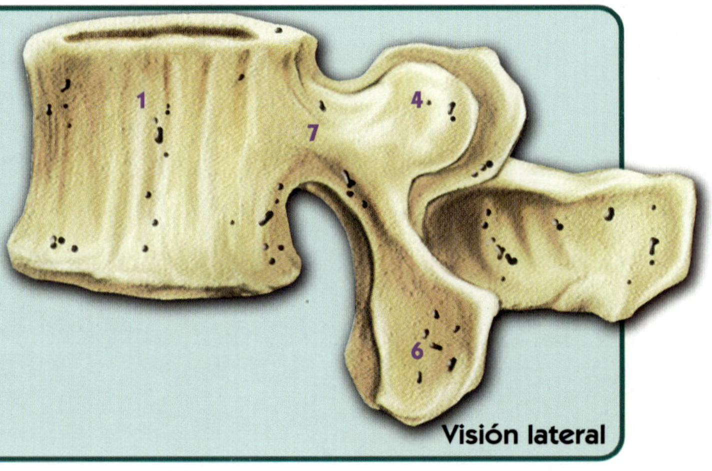

Visión lateral

La columna vertebral

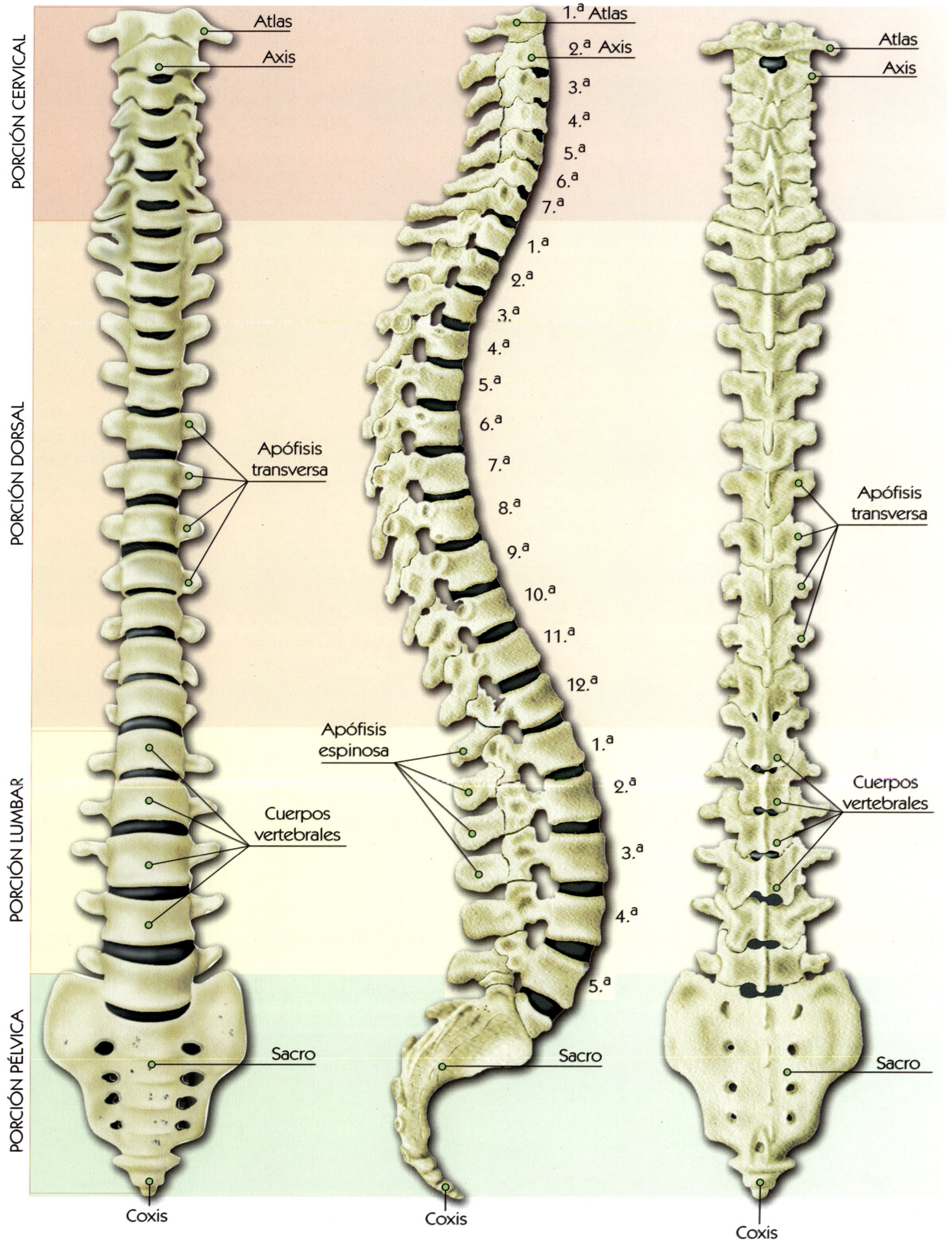

Visión anterior **Visión lateral** **Visión posterior**

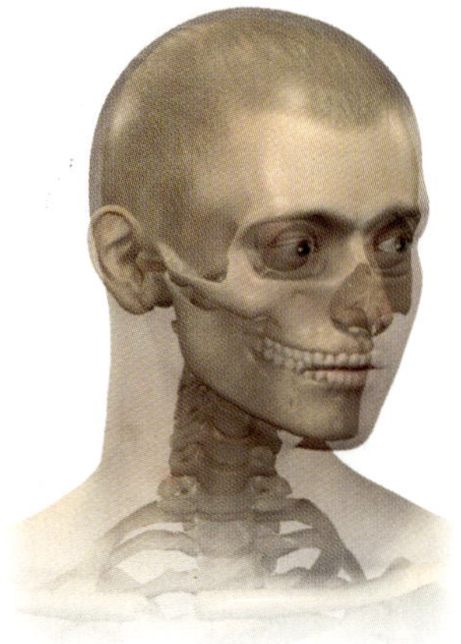

EL CRÁNEO

El cráneo es la estructura ósea que protege al cerebro. En realidad, el nombre técnico del conjunto de huesos que lo forman es **cabeza ósea** y el cráneo propiamente dicho es solo una de sus partes. La cabeza ósea, entonces, se puede dividir en dos porciones: la parte posterior o **cráneo**, y la parte anterior o **cara**. El cráneo está compuesto por ocho huesos, fundamentalmente planos: cuatro pares, los dos **parietales** y los dos **temporales**; cuatro impares, el **frontal**, el **etmoides**, el **esfenoides** y el **occipital**. La cara se divide en dos porciones llamadas **mandíbulas**: la superior, formada solo por el **maxilar superior**; y la inferior, formada por seis huesos pares: **maxilar inferior**, **malar**, **unguis**, **cornete inferior**, **hueso propio de la nariz** y **palatino**, y uno impar, el **vómer**.

Visión lateral del cráneo

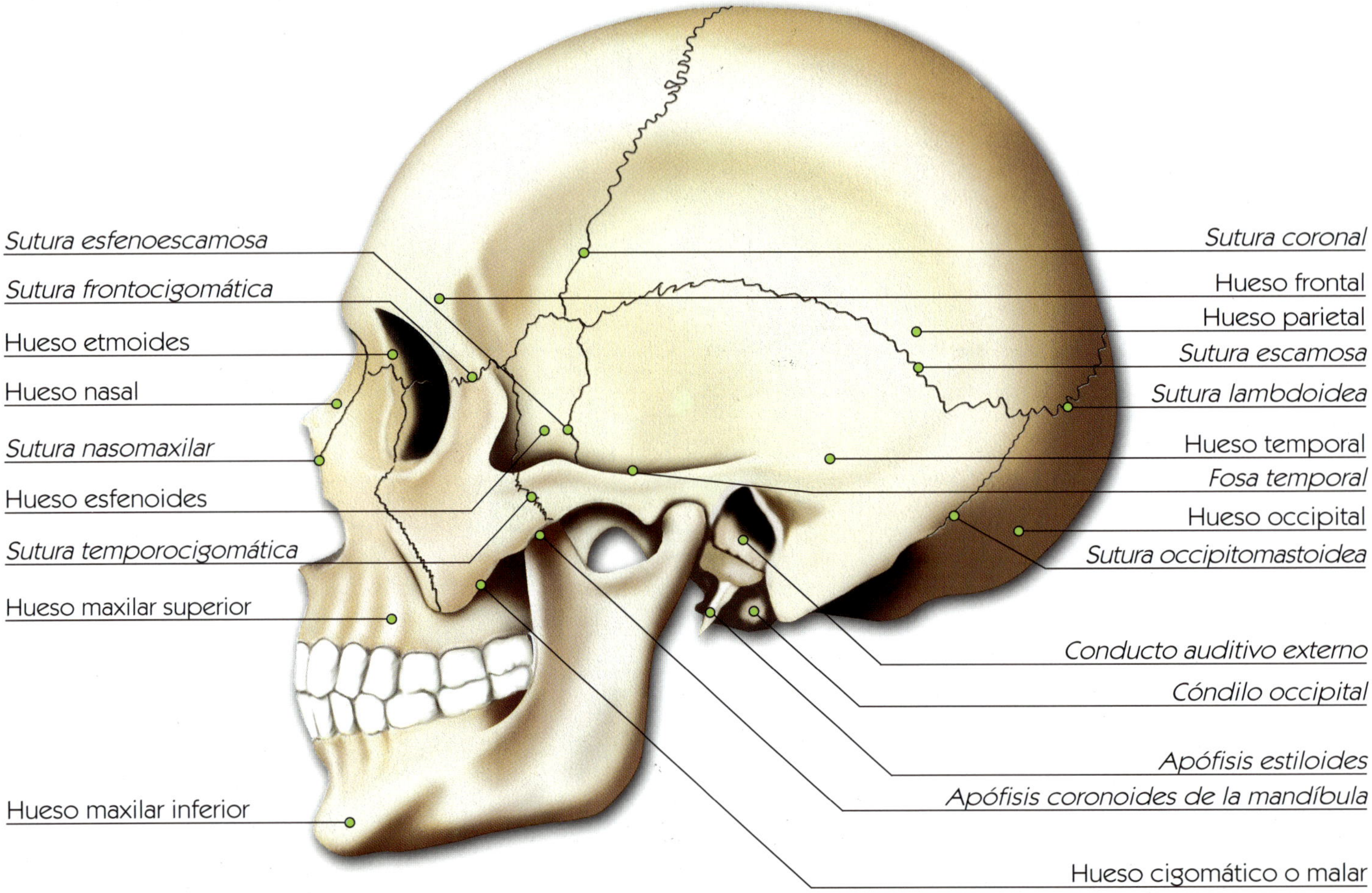

EVOLUCIÓN DEL CRÁNEO

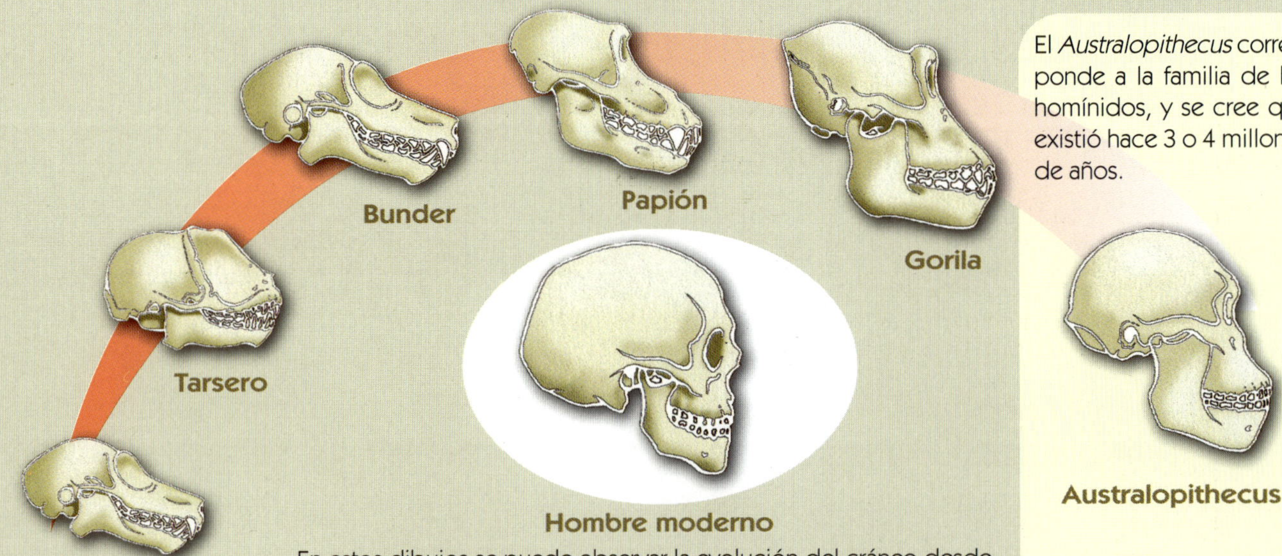

El *Australopithecus* corresponde a la familia de los homínidos, y se cree que existió hace 3 o 4 millones de años.

En estos dibujos se puede observar la evolución del cráneo desde los primeros primates (mamíferos que vivieron hace aproximadamente 80 millones de años) hasta el hombre moderno.

Visión frontal del cráneo

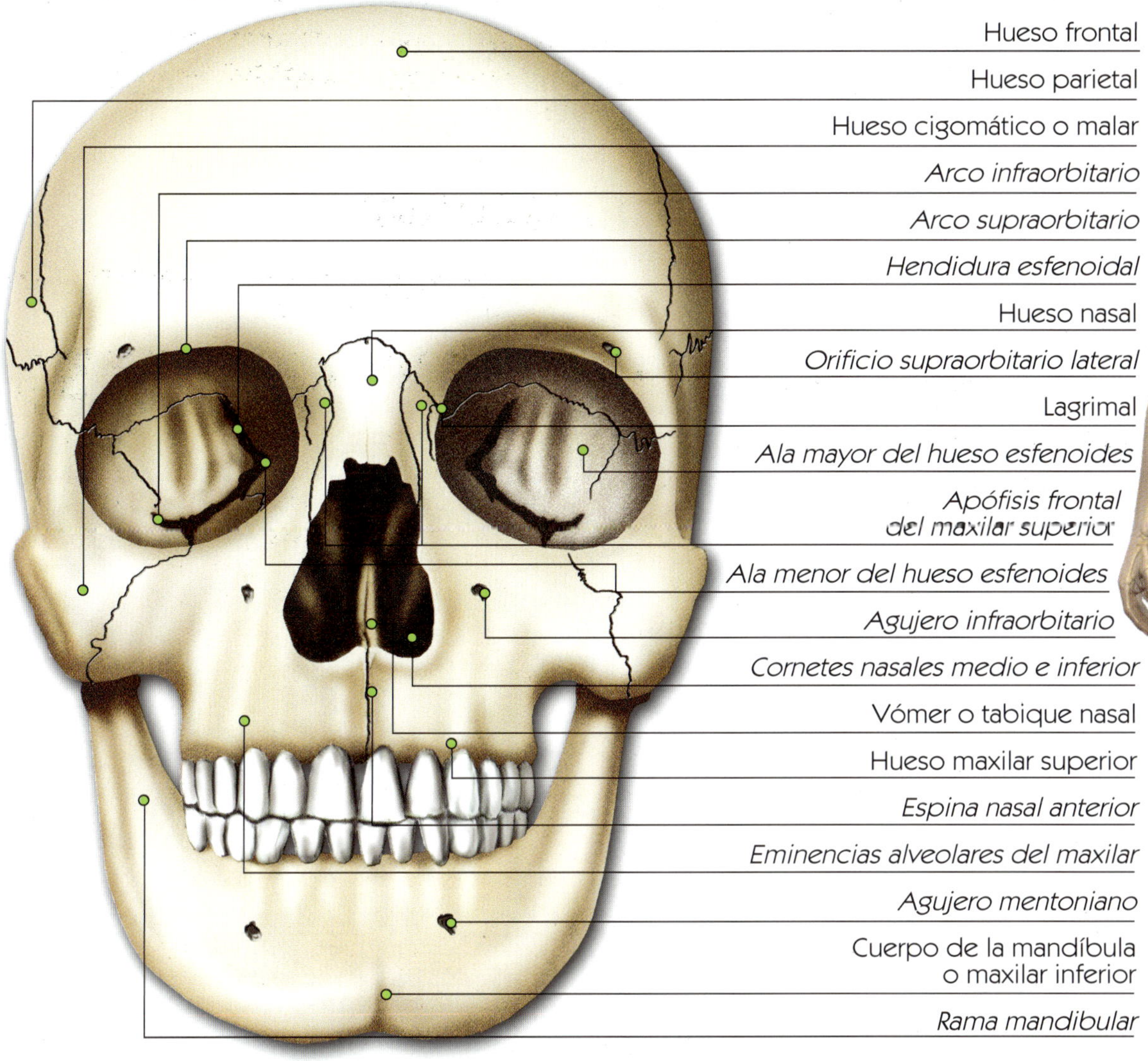

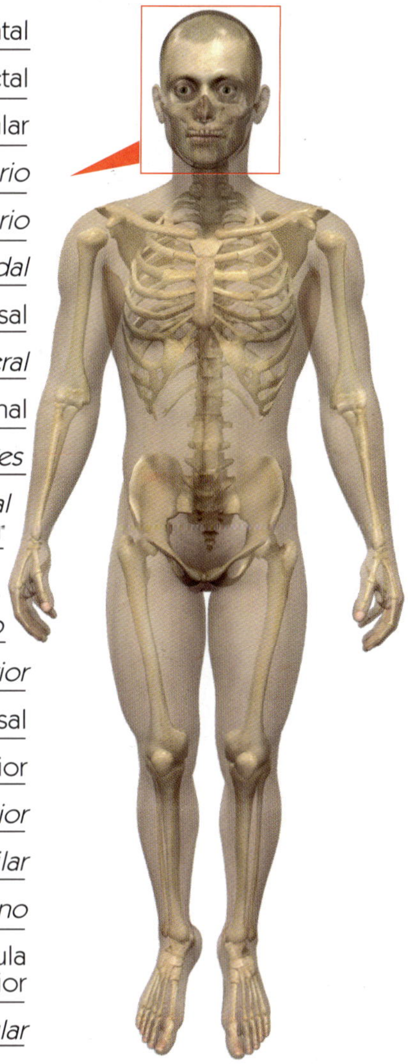

Visión inferior del cráneo

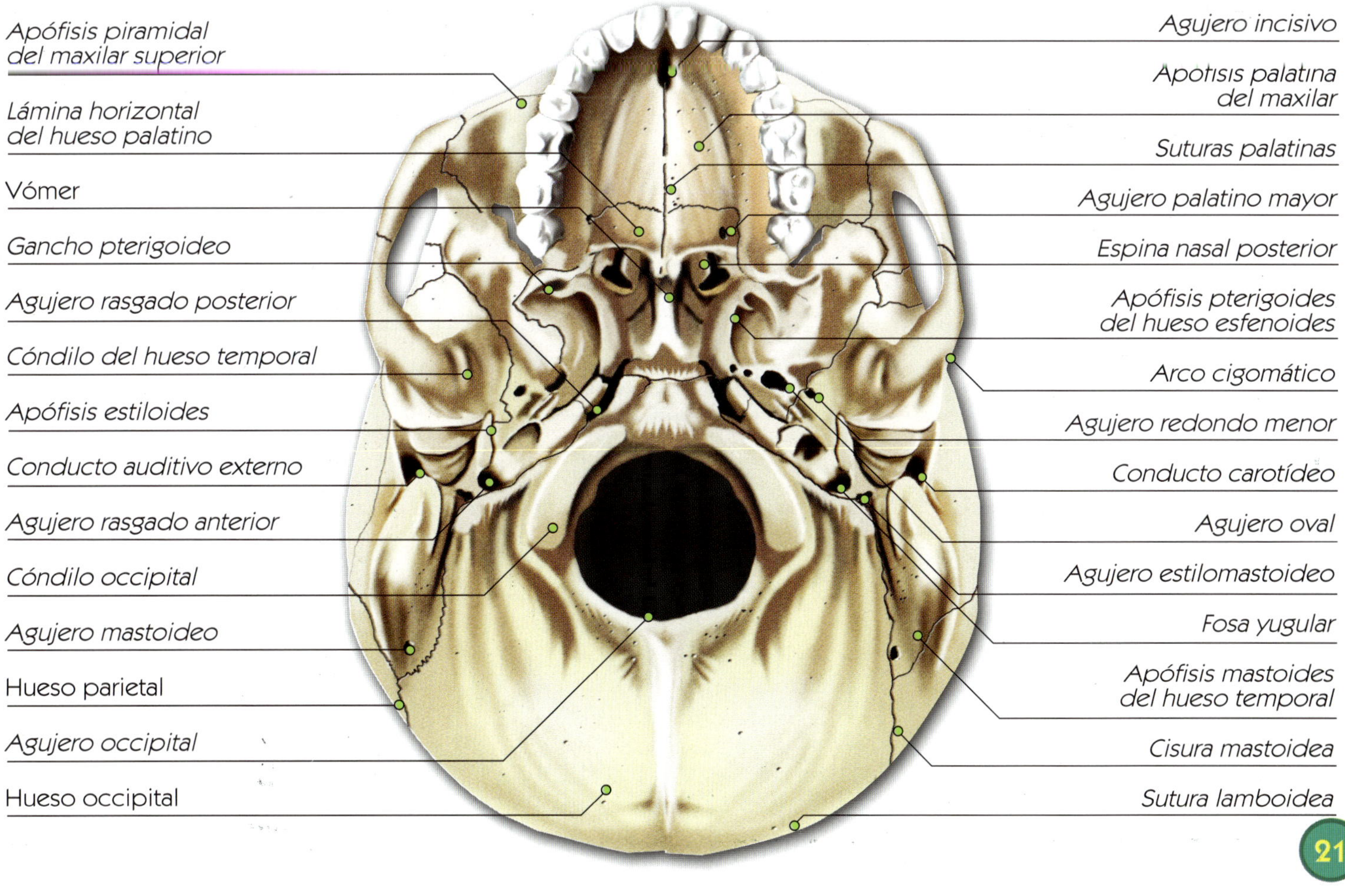

Los músculos

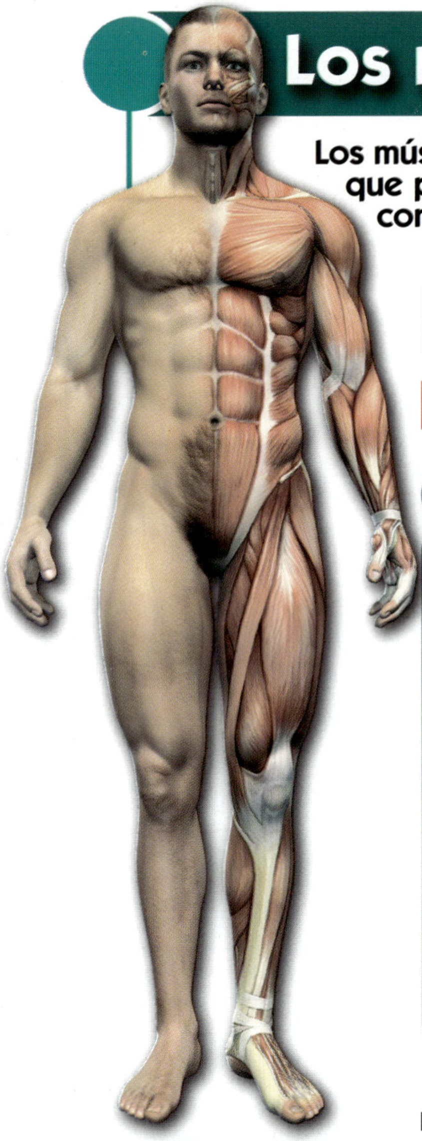

Los músculos son la parte activa del sistema ósteo-artro-muscular, ya que son los que permiten que el esqueleto se mueva y mantenga su estabilidad. A su vez, contribuyen a dar la forma externa del cuerpo.

CLASIFICACIÓN MUSCULAR

Los músculos pueden clasificarse de acuerdo a su forma, o bien, de acuerdo a su ubicación en el cuerpo. Según su forma se clasifican en **estriados**, **lisos** o músculo **cardíaco**.

MÚSCULOS ESTRIADOS O ESQUELÉTICOS

Constituyen la "carne del cuerpo". Sus células conforman largas fibras cilíndricas (entre 1 y 400 mm de extensión) ubicadas en forma paralela. Se insertan en los huesos para llevar a cabo los movimientos voluntarios.

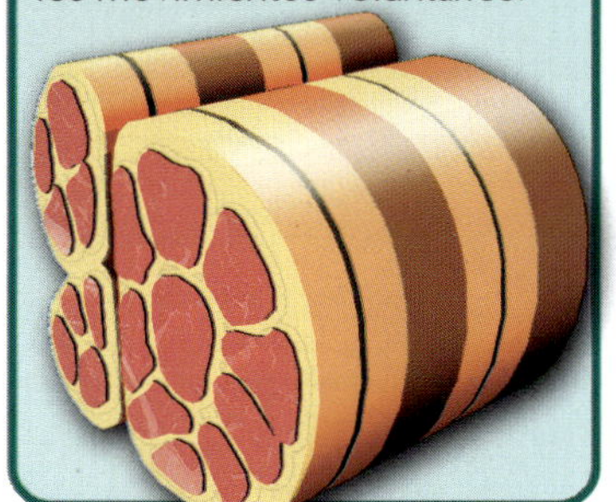

MÚSCULOS LISOS

Conforman las paredes de las vísceras, como el estómago. Sus células son largas, de color rosado pálido, y se asemejan a un huso. Se ubican alrededor de las cavidades orgánicas formando haces. Se contraen en forma automática (movimientos involuntarios), de manera lenta y rítmica.

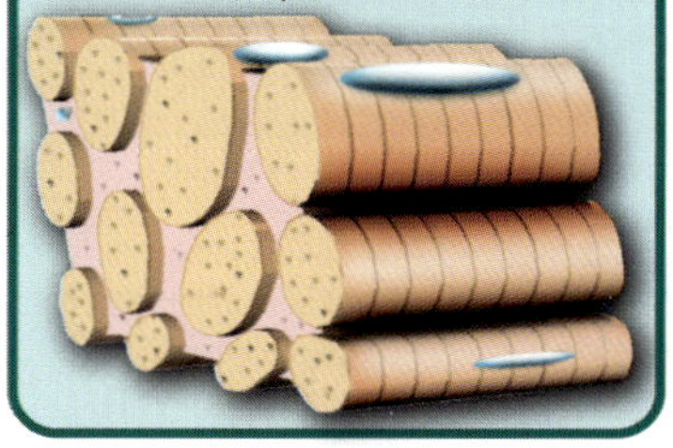

MÚSCULO CARDÍACO

Es el único músculo estriado que realiza movimientos involuntarios. Solo se encuentra en el corazón y es infatigable. Se contrae, con ritmo propio (aproximadamente 70 contracciones por minuto), a fin de bombear sangre a todos los tejidos.

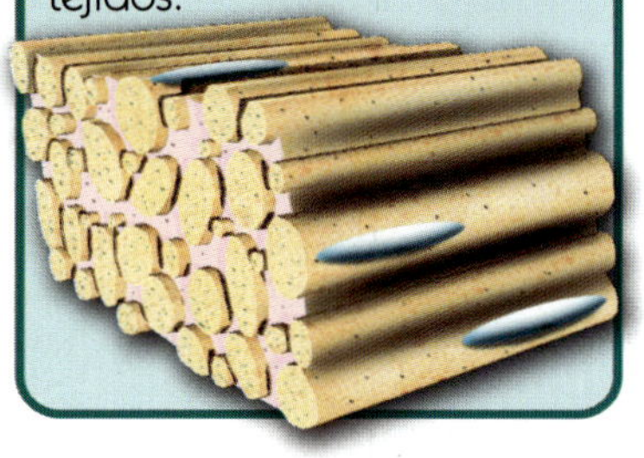

De acuerdo a su ubicación, se pueden distinguir los músculos de la cabeza, los del cuello, los del abdomen, los del tórax, los de las extremidades superiores y los de las extremidades inferiores.

MÚSCULOS DE LA CABEZA

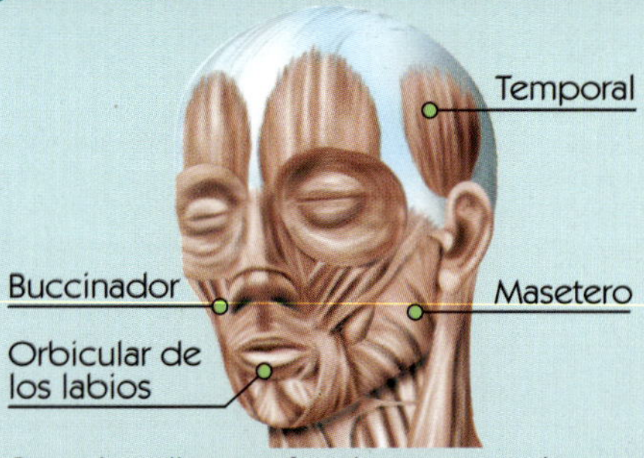

Cumplen diversas funciones como la masticación, la gesticulación, la apertura y el cierre de los ojos y de la boca.

MÚSCULOS DEL CUELLO

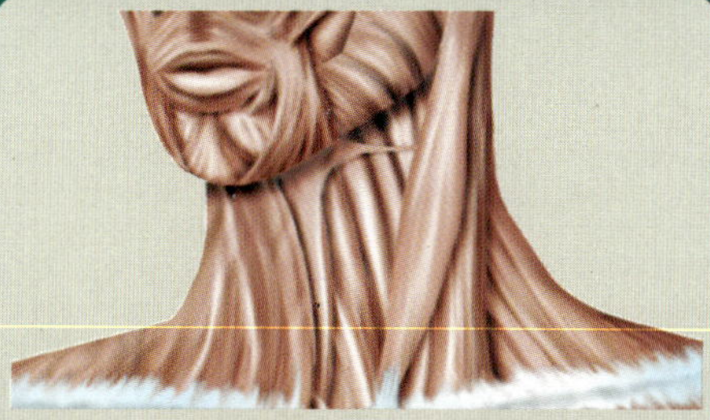

Entre las funciones que cumplen podemos citar la sujeción de la cabeza y el movimiento de esta en sentido lateral, transversal, de giro y de estiramiento.

MÚSCULOS DEL ABDOMEN

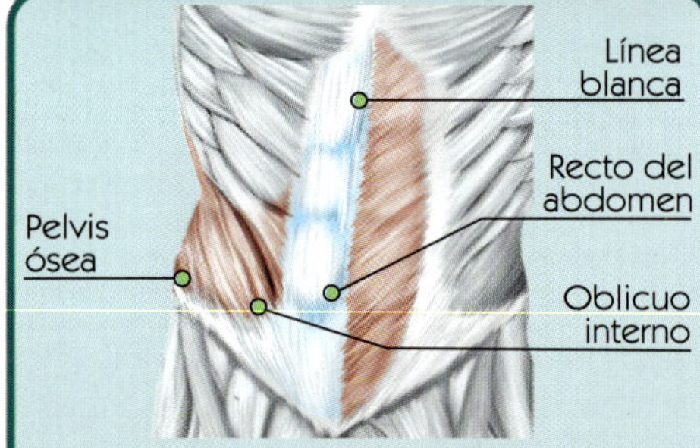

Recubren y protegen las vísceras, facilitan el proceso de excreción y contribuyen con algunos movimientos de la columna.

MÚSCULOS DEL TÓRAX

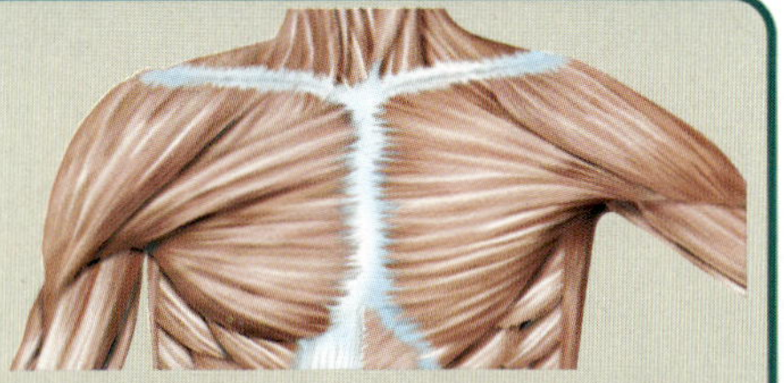

Cumplen un rol importante en el proceso de respiración, facilitando la contracción y expansión de la caja torácica. Además, contribuyen a sostener la columna y participan de algunos movimientos de la cabeza.

MÚSCULOS DE LAS EXTREMIDADES SUPERIORES

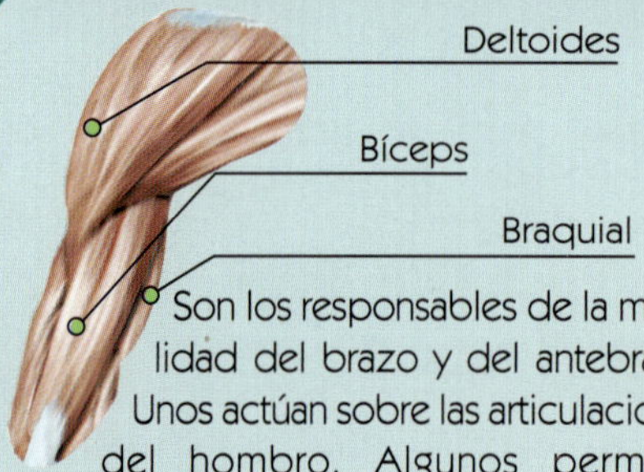

Son los responsables de la movilidad del brazo y del antebrazo. Unos actúan sobre las articulaciones del hombro. Algunos permiten movimientos amplios de extensión flexión; y otros, realizar suaves movimientos, como el de escribir o dibujar.

MÚSCULOS DE LAS EXTREMIDADES INFERIORES

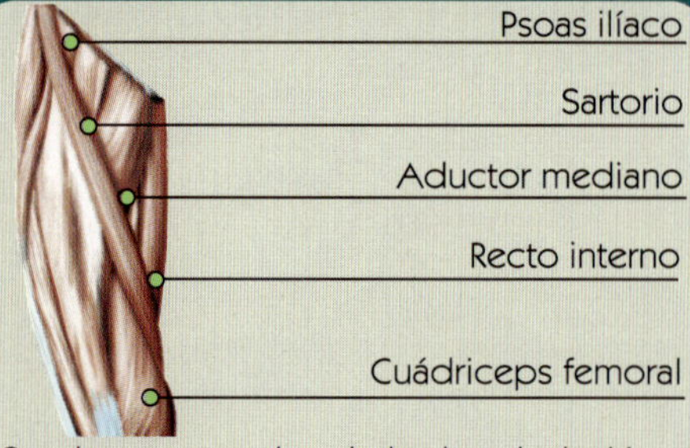

Son los encargados de la deambulación y del mantenimiento de la posición erecta. Numerosos y variados, cada uno de ellos desempeña una función específica.

Otra posible clasificación de los tipos de músculos está dada por la cercanía al esqueleto. Así, existen músculos superficiales y músculos profundos.

MÚSCULOS SUPERFICIALES

Se encargan de recubrir las distintas partes del cuerpo. Se encuentran insertos inmediatamente debajo de la piel, con la que mantienen una estrecha vinculación. Por lo general, se trata de músculos planos.

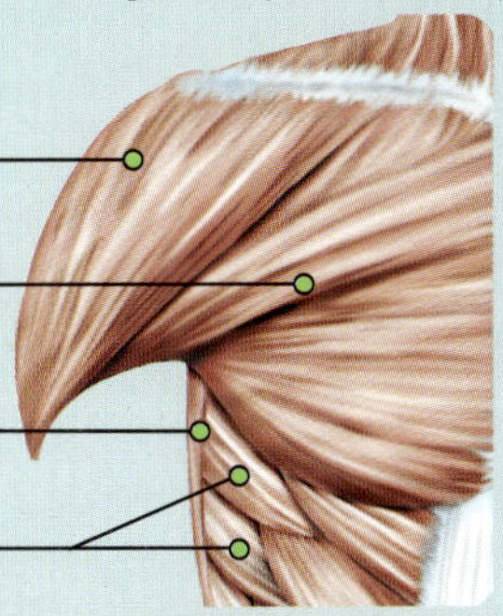

MÚSCULOS PROFUNDOS

Se insertan, generalmente, en los huesos del esqueleto por medio de los **tendones**. El efecto que producen estos músculos tiene un carácter múltiple: **flexión**, **extensión**, **elevación**, **depresión**, **abducción**, etc. Se subdividen en:

- **Sinérgicos:** ejecutan movimientos idénticos en combinación con otros músculos.
- **Antagonistas:** utilizan la potencia de otro músculo que realiza una fuerza opuesta para efectuar ambos el mismo movimiento.

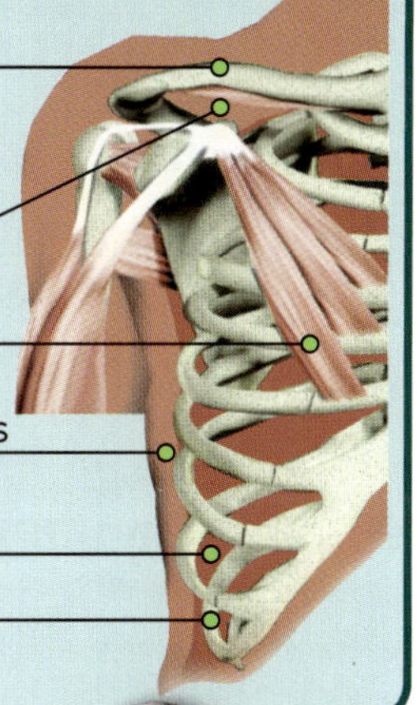

¿CÓMO TRABAJAN LOS MÚSCULOS?

Cuando los músculos reciben impulsos nerviosos a través de los **nervios motores**, se **contraen** y ponen en movimiento las distintas partes del cuerpo mediante los puntos de inserción (uno fijo y otro móvil) que tienen en el sistema óseo. Cada músculo provoca un movimiento, pero no puede producir su contrario, por lo que para cada uno de ellos hay otro que realiza el movimiento opuesto. Estos pares de músculos asociados reciben el nombre de **antagonistas**.

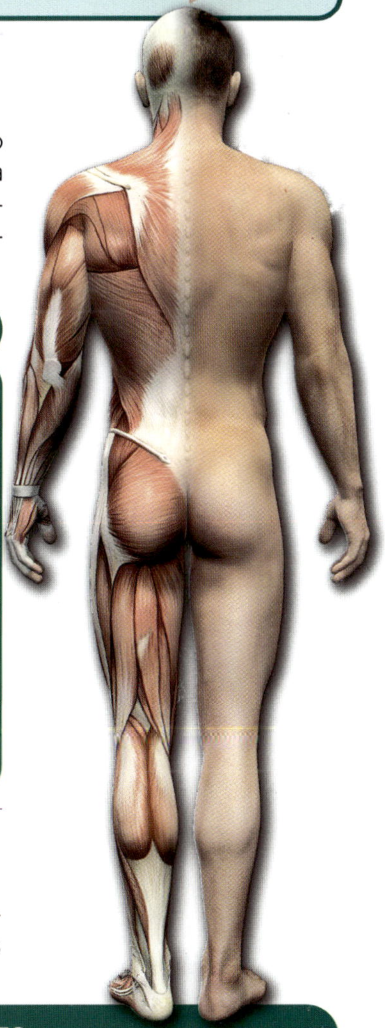

MOVIMIENTOS DE LAS EXTREMIDADES POR EXTENSIÓN Y FLEXIÓN

LA PIERNA SOBRE EL MUSLO

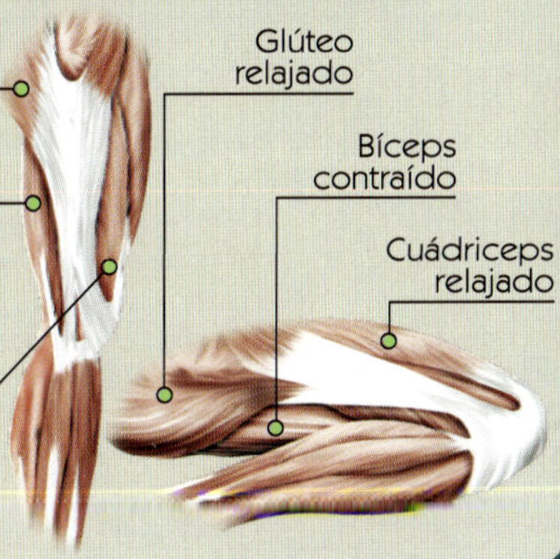

EL BRAZO SOBRE EL ANTEBRAZO

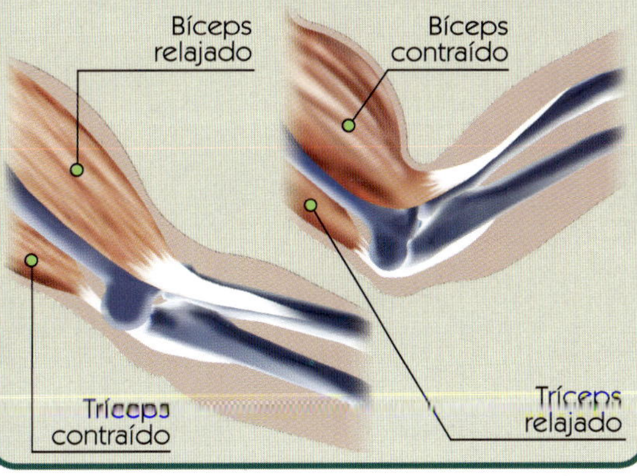

LOS MÚSCULOS POR DENTRO

Los músculos están formados por **fibras**, que son un conjunto de células motoras. Cuando el cerebro envía impulsos de movimiento, este se transmite a través de los **nervios**. Los músculos se insertan en los huesos por medio de los **tendones**.

LOS TENDONES

Se asemejan a cuerdas extensibles; son de color blanco y están formados por **fibras de colágeno**. Cuando el músculo se contrae, tira del hueso por medio del tendón.

LAS FIBRAS MUSCULARES

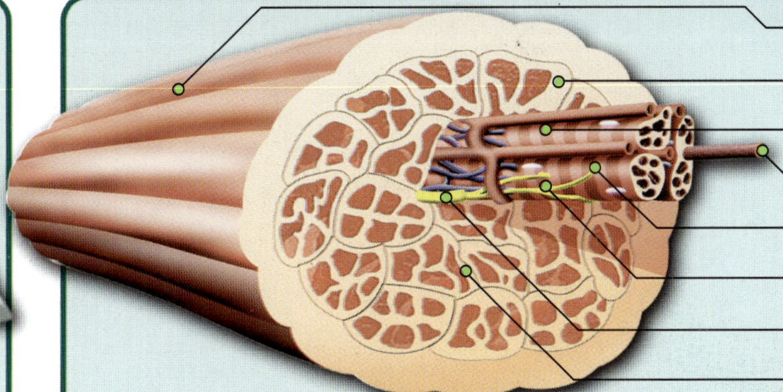

Cada fibra muscular está formada por un conjunto de **fibrillas estriadas**. Cuando la fibra recibe el impulso nervioso del cerebro, las fibrillas se contraen conjuntamente y acortan la fibra. Esto provoca la acción del músculo sobre el hueso.

Visión frontal de los músculos

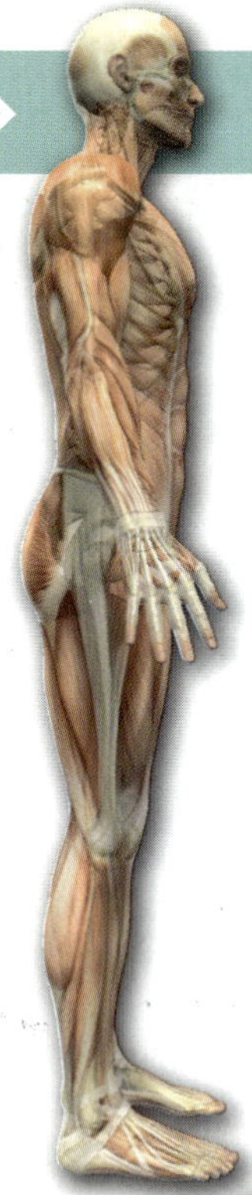

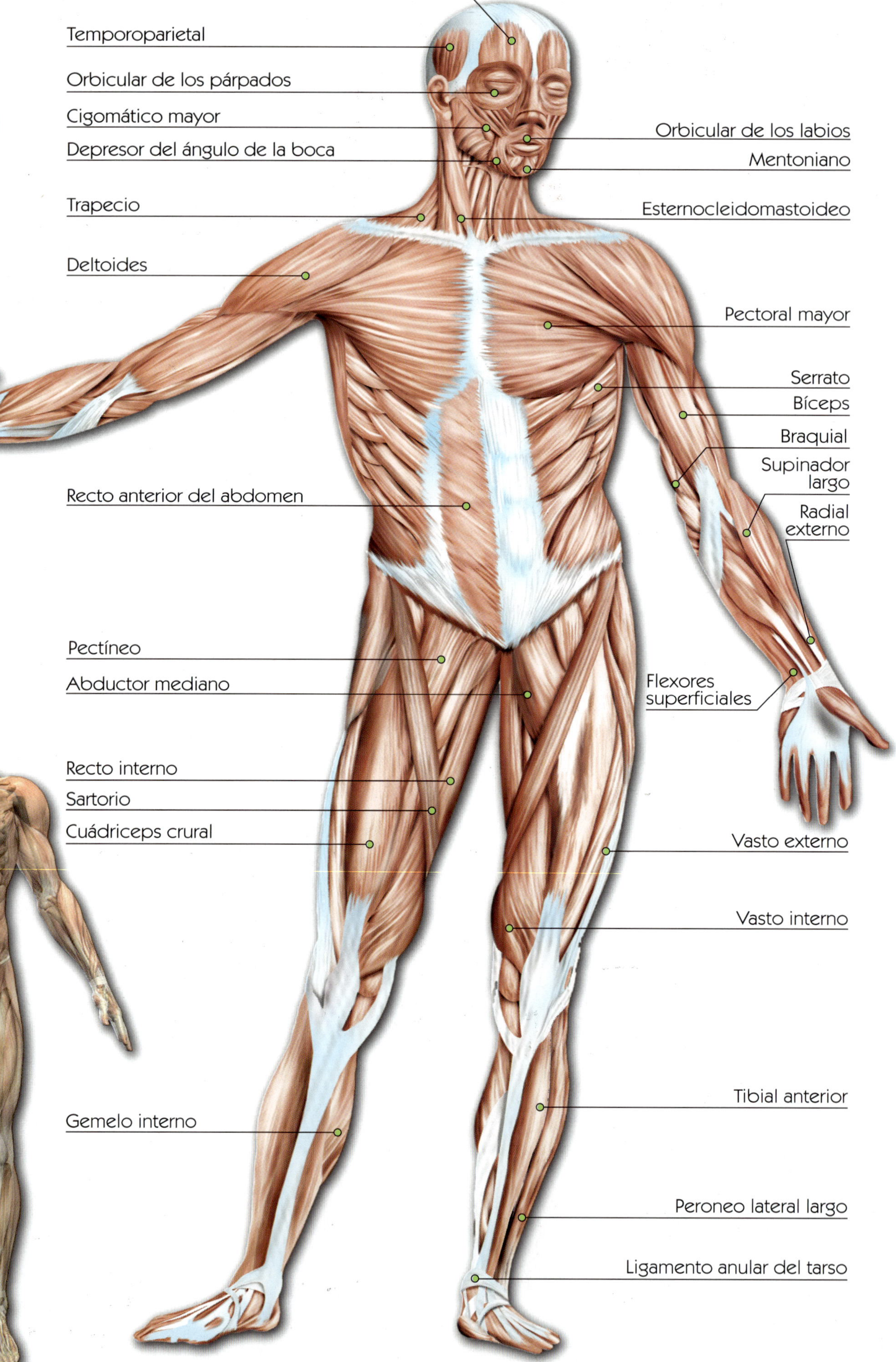

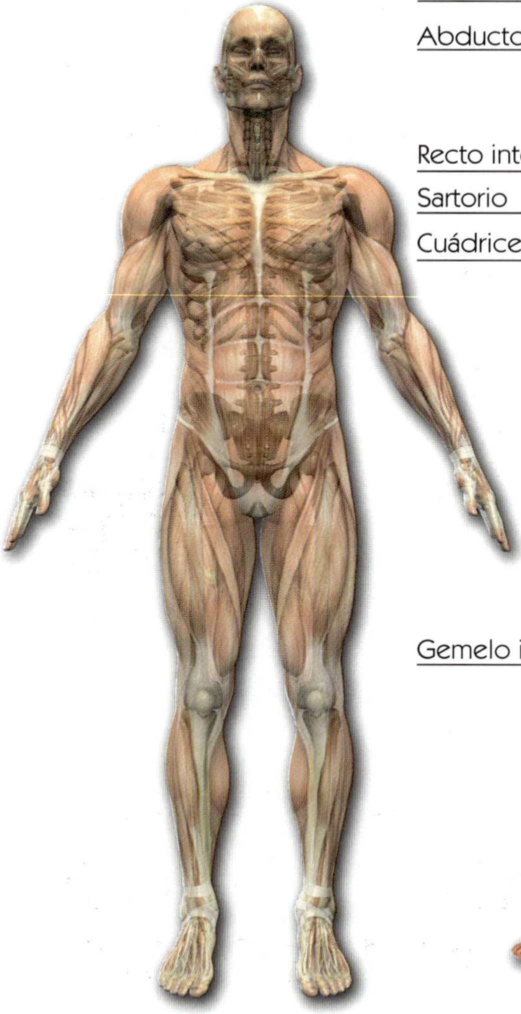

Visión dorsal de los músculos

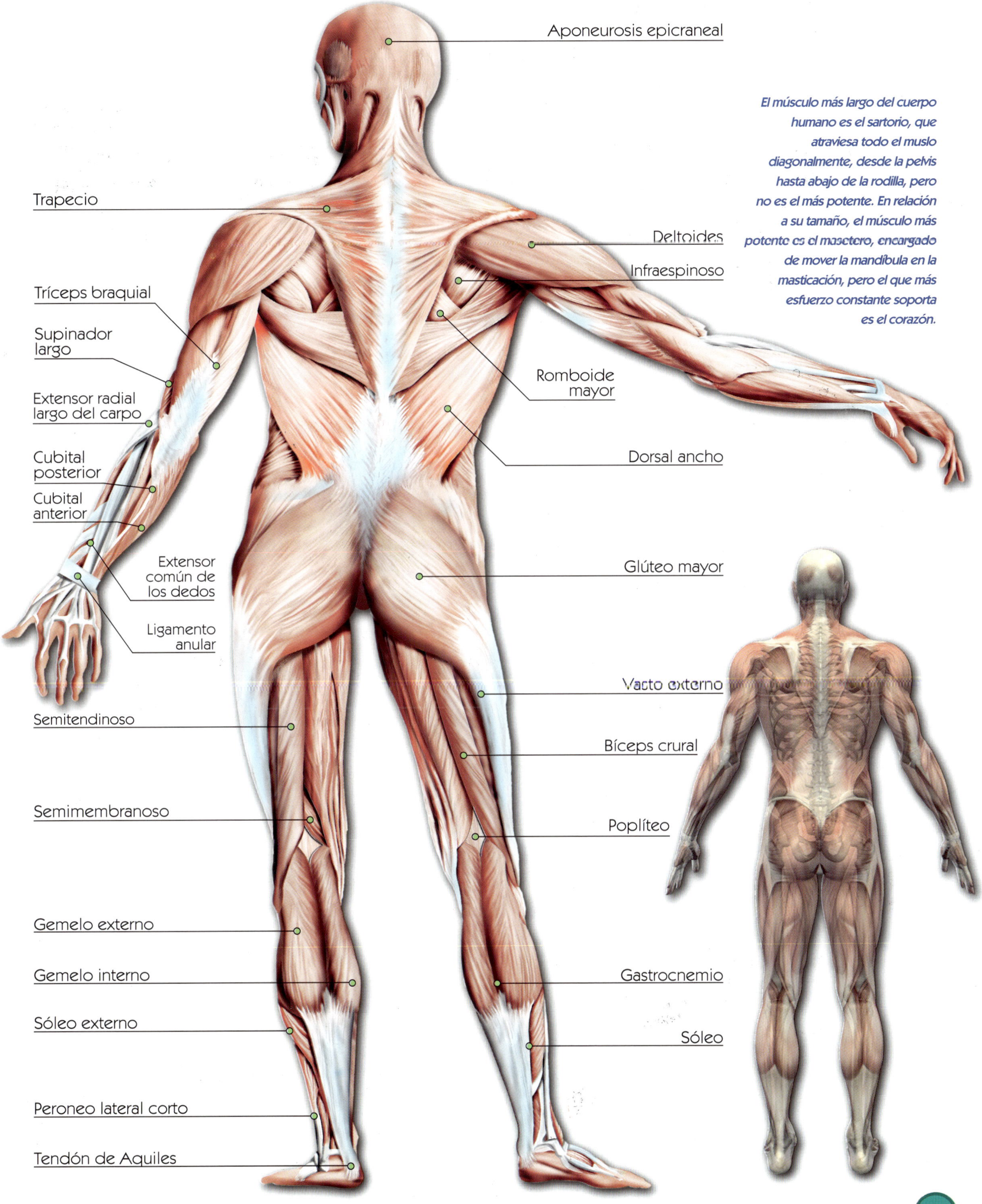

El músculo más largo del cuerpo humano es el sartorio, que atraviesa todo el muslo diagonalmente, desde la pelvis hasta abajo de la rodilla, pero no es el más potente. En relación a su tamaño, el músculo más potente es el masetero, encargado de mover la mandíbula en la masticación, pero el que más esfuerzo constante soporta es el corazón.

El sistema nervioso

El sistema nervioso es una red de tejidos de estímulo que cubre todo el cuerpo. Su célula básica es la neurona y su función es recibir y procesar las señales de los nervios, para controlar y coordinar todos los órganos del cuerpo. El sistema nervioso puede dividirse en dos partes: el sistema nervioso central y el sistema nervioso periférico.

LAS NEURONAS

Son células exclusivas del sistema nervioso, que son capaces de recibir y transmitir estímulos por medio de impulsos eléctricos. Existen tres tipos de neuronas: **sensoriales**, **de asociación** y **motoras**.

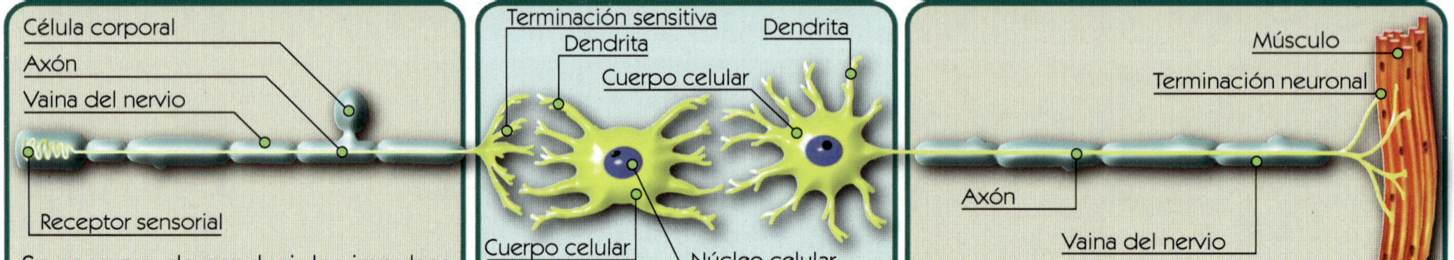

LAS NEURONAS SENSORIALES

Se encargan de conducir los impulsos desde todos los receptores sensoriales del cuerpo (ubicados en los distintos órganos de los sentidos) al sistema nervioso central.

LAS NEURONAS DE ASOCIACIÓN O INTERNEURONAS

Vinculan las neuronas sensoriales con las motoras. Reciben, procesan y envían mensajes a cada rincón del organismo.

LAS NEURONAS MOTORAS

Conducen los impulsos nerviosos desde el sistema nervioso central hacia los músculos o las glándulas.

EL AXÓN

Es la prolongación de la neurona por medio de la cual se conduce el impulso nervioso. Los axones están acompañados de células especiales llamadas neuroglías. Son rígidas y se encargan de dar sostén y proteger las neuronas. Algunas de las neuroglías, llamadas células de Schwan, producen una sustancia grasa, la mielina, que recubre los axones de algunas células nerviosas. La mielina contribuye a mantener aislados a los axones, para evitar la interferencia de los impulsos nerviosos. La porción del axón donde la envoltura de una célula de Schwan se conecta con la próxima célula no está protegida. Esta zona recibe el nombre de nudo de Ranvier.

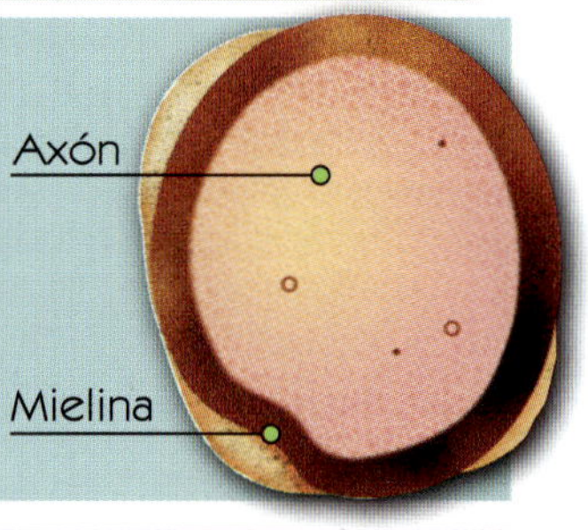

EL SISTEMA NERVIOSO CENTRAL

El sistema nervioso central está compuesto por el **encéfalo** y la **médula espinal**. Está protegido por tres membranas, denominadas **meninges**, y por la cobertura ósea del cráneo y la columna vertebral.

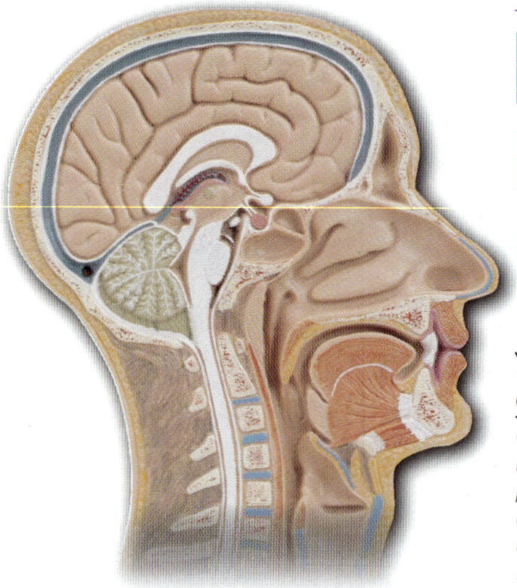

La inflamación de las meninges por infecciones bacterianas se llama "meningitis" y es potencialmente mortal si no se trata a tiempo.

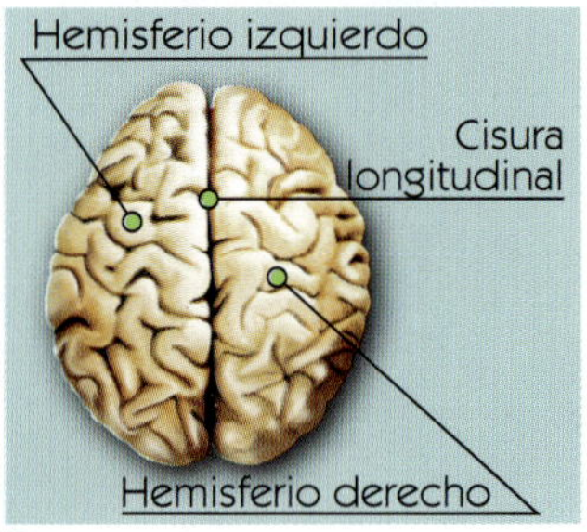

EL ENCÉFALO

Es el principal centro de control del organismo y forma parte del sistema nervioso central. Está formado por el **cerebro**, el **cerebelo** y el **tronco encefálico**.

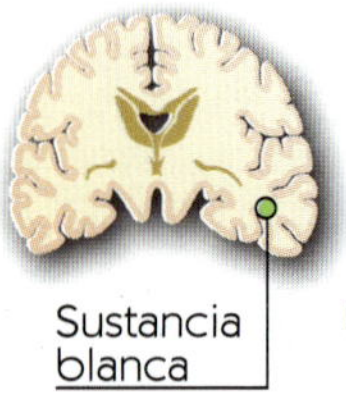

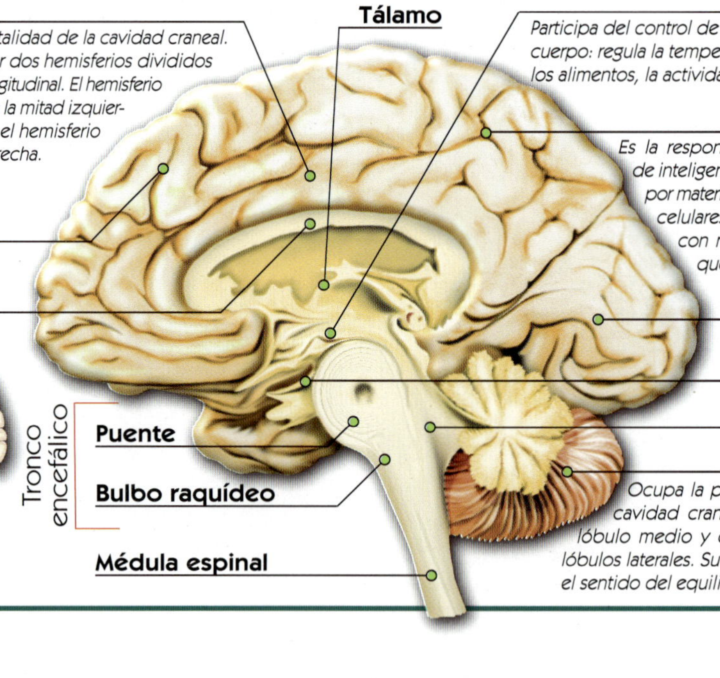

Cerebro
Ocupa casi la totalidad de la cavidad craneal. Está formado por dos hemisferios divididos por una cisura longitudinal. El hemisferio derecho controla la mitad izquierda del cuerpo y el hemisferio izquierdo, la derecha.

Hipotálamo
Participa del control de muchas funciones básicas del cuerpo: regula la temperatura corporal, la ingestión de los alimentos, la actividad sexual, etc.

Corteza cerebral
Es la responsable de las demostraciones de inteligencia e instinto. Está conformada por materia gris, que contiene los cuerpos celulares de las neuronas, en conjunto con numerosas dendritas y axones que no tienen mielina.

Cerebelo
Ocupa la parte posterior e inferior de la cavidad craneana. Consta de tres partes: lóbulo medio y dos hemisferios cerebrales o lóbulos laterales. Su principal función es mantener el sentido del equilibrio.

LA MÉDULA ESPINAL

Forma parte del sistema nervioso central, pero conecta el sistema nervioso periférico con el encéfalo y actúa como centro de coordinación menor. Está ubicada en el interior de la columna vertebral. Tiene unos 45 cm de longitud y se extiende desde la base del cráneo hasta el tercio inferior de la espalda.

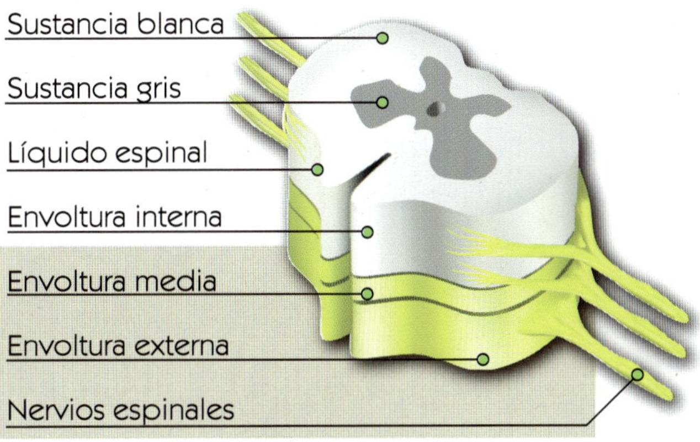

EL INTERIOR DE LA MÉDULA

La sustancia gris, conformada por células nerviosas, es la encargada de controlar los actos reflejos. La sustancia blanca, compuesta por células nerviosas, envía señales al encéfalo y las recibe de él.

EL SISTEMA NERVIOSO PERIFÉRICO

Está compuesto por el conjunto de haces de fibras nerviosas sensoriales y motoras.

Se subdivide en el **sistema somático** y el **sistema autónomo**.

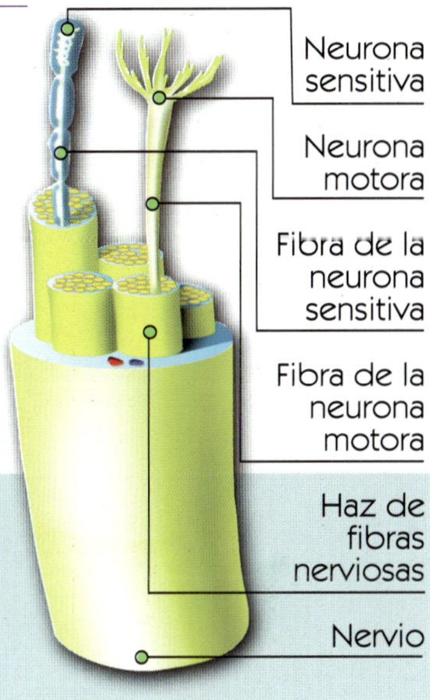

EL SISTEMA SOMÁTICO

Está formado por los 12 pares de **nervios craneales**, 31 pares de **nervios espinales** y numerosos **ganglios**. Todos los conocimientos conscientes del ambiente externo y todas las actividades motoras para hacerle frente funcionan gracias a este sistema.

LOS NERVIOS

Son delgados cordones, de color blanco nacarado, protegidos por una membrana de tejido conectivo. Transportan mensajes desde el encéfalo y la médula espinal a todas las partes del cuerpo, y en sentido inverso. Los más largos alcanzan 1 m de longitud (van desde la médula espinal hasta el pie). Cada nervio está formado por haces de fibras nerviosas, unidas entre sí por una vaina exterior.

EL SISTEMA AUTÓNOMO

También llamado **sistema nervioso vegetativo**, controla casi la totalidad de las respuestas o actos involuntarios de los órganos internos (corazón, pulmones). Se subdivide en el **sistema nervioso simpático** y el **sistema nervioso parasimpático**. La actividad conjunta de ambos subsistemas contribuye a mantener el equilibrio del cuerpo u **homeostasis**.

EL SISTEMA PARASIMPÁTICO

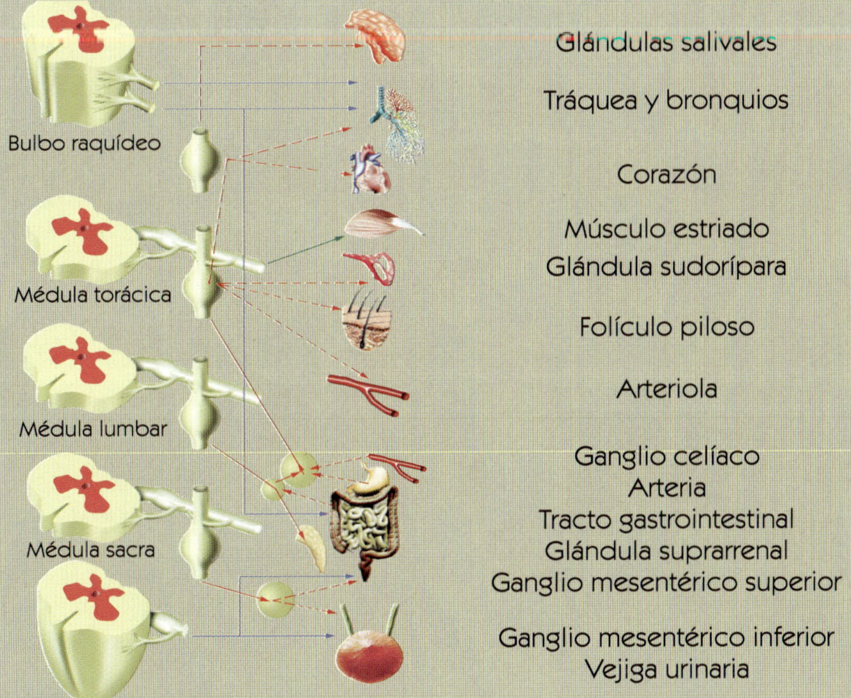

Las fibras emergen del sistema nervioso central, unidas a algunos nervios craneales. Su actividad es antagónica a la del sistema simpático. Se ocupa de normalizar las funciones del cuerpo.

EL SISTEMA NERVIOSO SIMPÁTICO

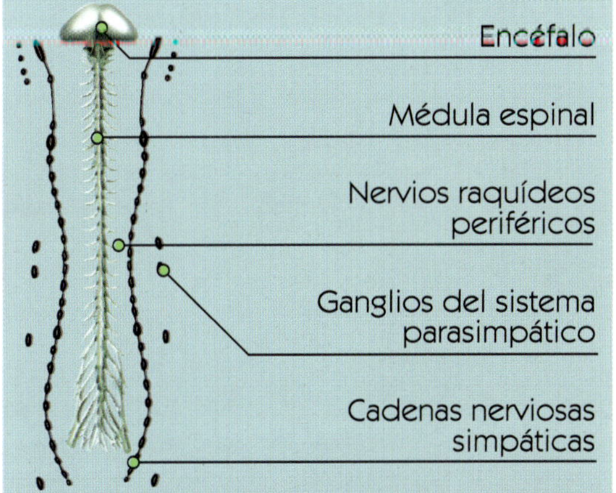

Está constituido por dos cadenas de ganglios, una a cada lado de la columna vertebral. De la médula salen unas fibras nerviosas, llamadas neuronas preganglionares, que llegan a dichos ganglios, y de ellos salen las neuronas posganglionares, que van a los diferentes órganos o glándulas. La acción específica es controlar el funcionamiento de los órganos internos cuando se producen situaciones de tensión. Por ejemplo, estimula los latidos del corazón, eleva la presión sanguínea, dilata las pupilas, la tráquea y los bronquios, etcétera.

Tronco encefálico y pares craneales

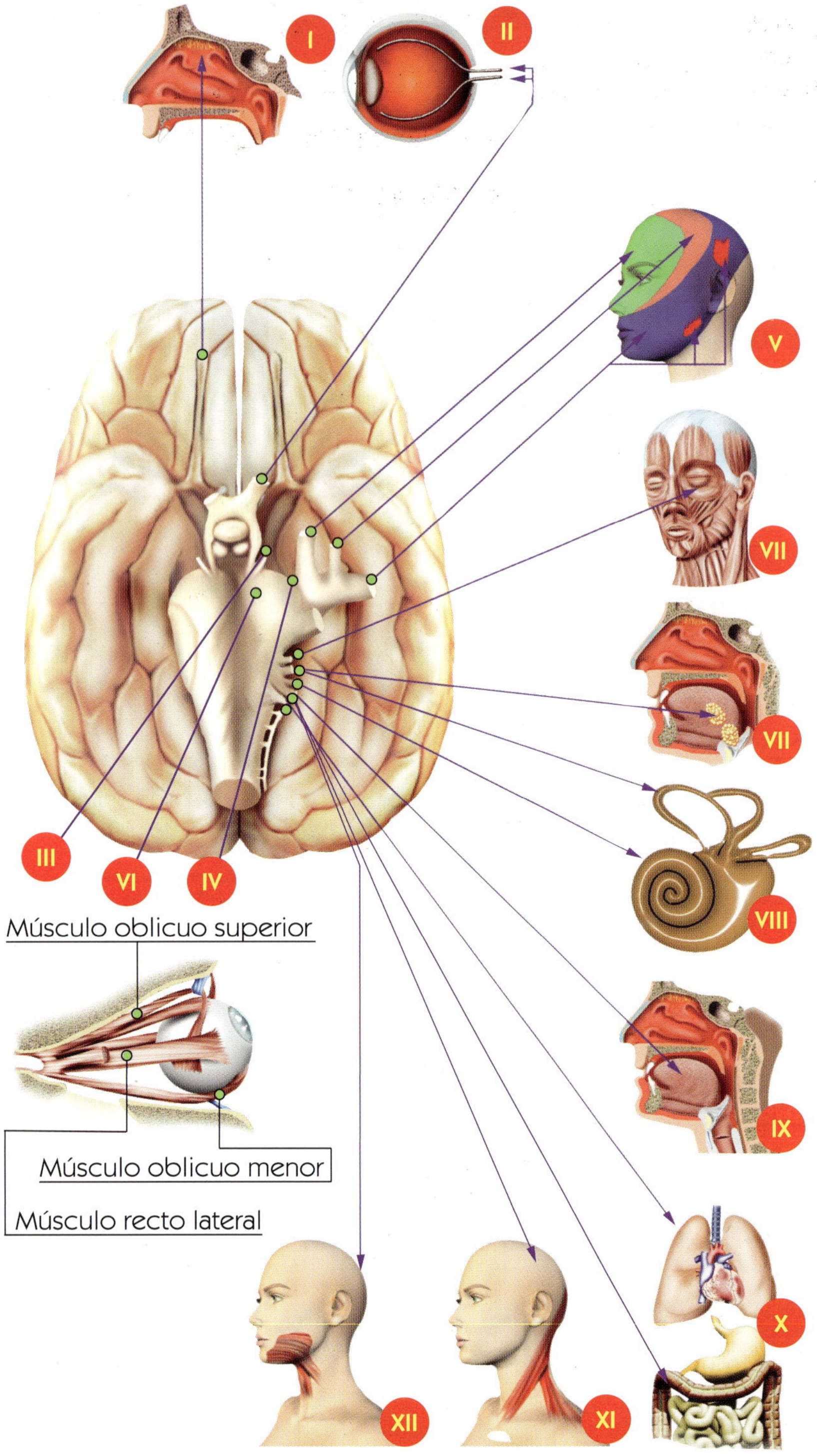

I par (nervio olfatorio). Nace en los bulbos olfativos del cerebro, atraviesa el etmoides y finaliza en las fosas nasales.

II par (nervio óptico). Tiene su origen en la sustancia gris de la base del cerebro y finaliza en la retina del ojo.

III par (nervio oculomotor). Inerva el músculo oblicuo menor del ojo, entre otros, y el iris.

IV par (nervio troclear). Nace en la cara superior del encéfalo y se dirige al músculo oblicuo superior del ojo.

V par (nervio trigémino). Proporciona sensibilidad a toda la cara e inerva la musculatura de la masticación.

VI par (nervio abducens). Inerva el músculo recto lateral del ojo.

VII par (nervio facial). Permite la acción mímica de la cara y recoge la sensibilidad de la parte anterior de la lengua.

VIII par (nervio auditivo). Permite transmitir al cerebro las señales percibidas por el oído medio (sonidos) y por el oído interno (para mantener el equilibrio).

IX par (nervio glosofaríngeo). Inerva la lengua y la faringe para permitir la deglución, y recibe estímulos sensoriales de la boca, la lengua (gusto) y la faringe.

X par (nervio vago o neumogástrico). Regula las funciones digestivas, circulatorias y respiratorias.

XI par (nervio espinal). Nace de la mitad inferior del bulbo y de la porción cervical de la médula; la rama bulbar va a la faringe y a la laringe, y la rama medular, al músculo esternocleidomastoideo. Ambas tienen función motora.

XII par (nervio hipogloso). Facilita los movimientos de la fonación, la deglución y la masticación.

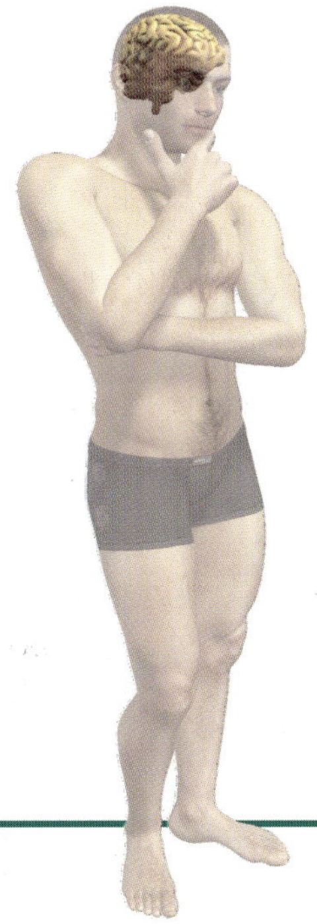

VISTA POSTERIOR DEL TALLO ENCEFÁLICO

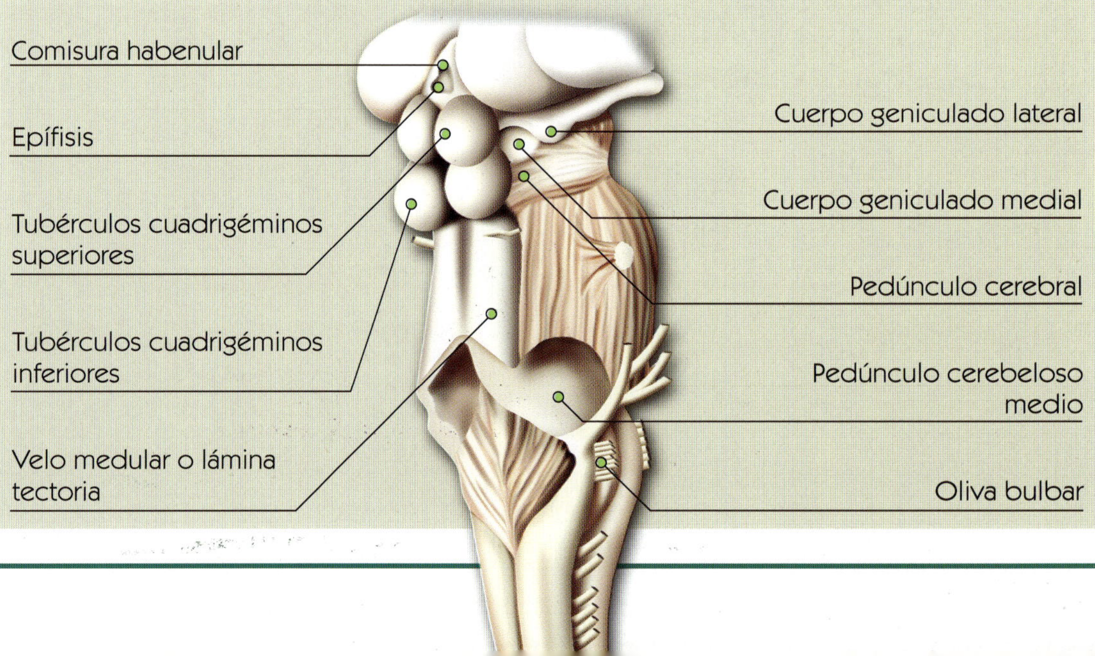

Sistema nervioso central y periférico

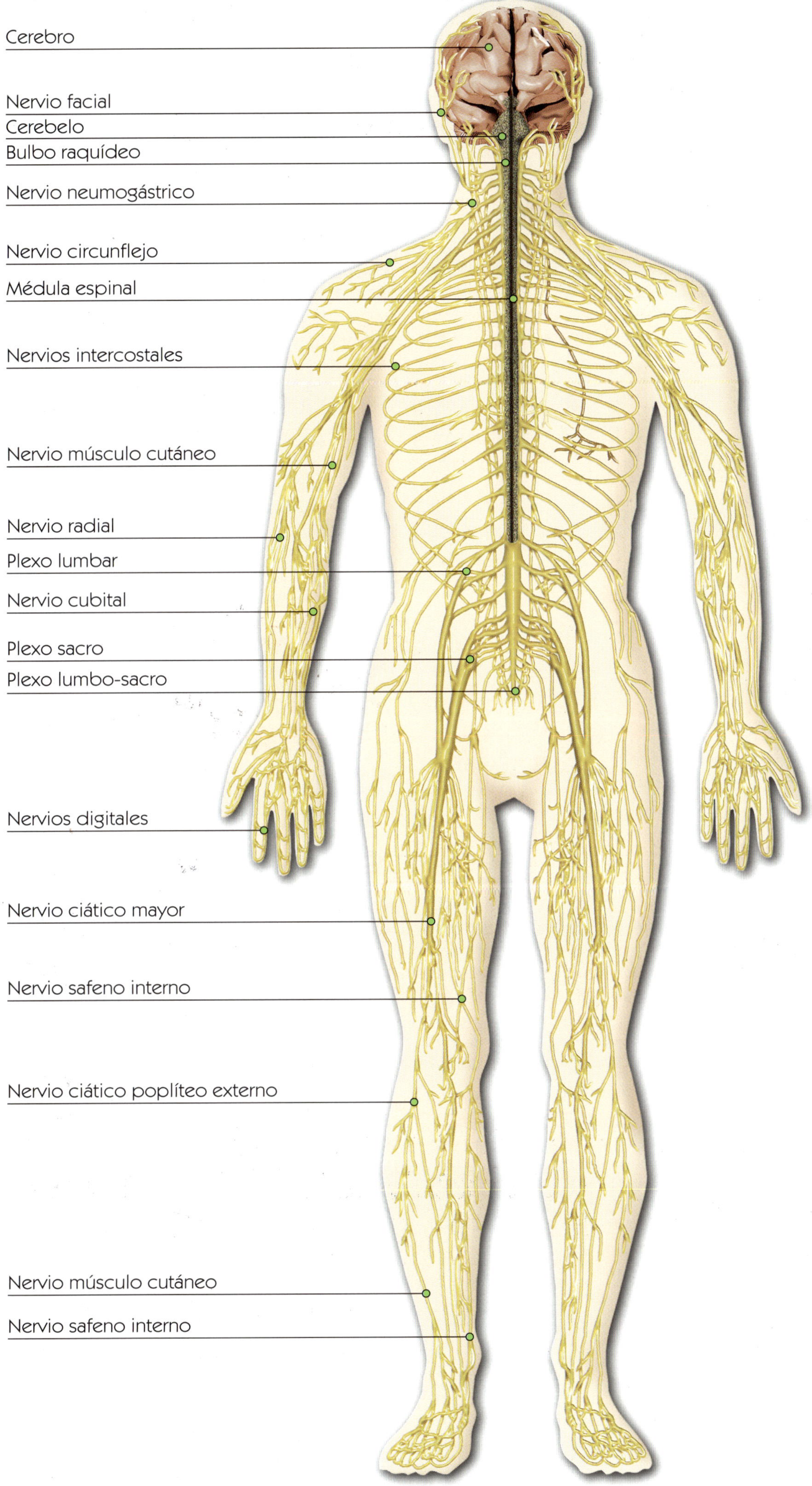

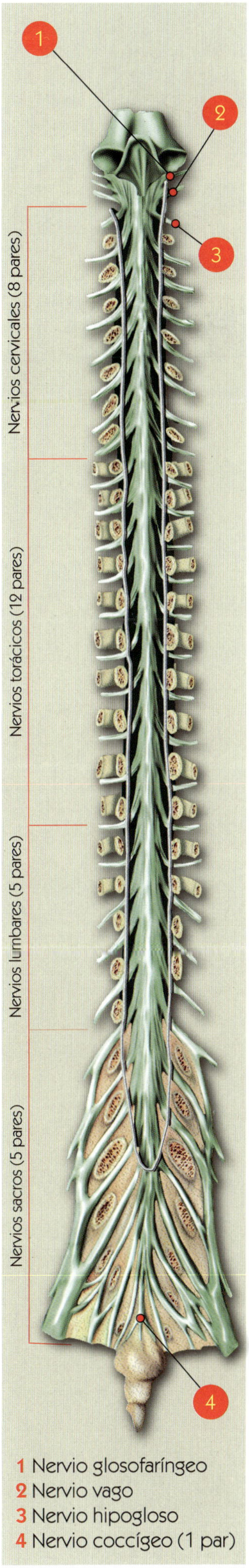

El sistema circulatorio

El sistema circulatorio humano comprende un órgano impulsor de la sangre, el corazón, y un conjunto de vasos (arterias, venas y capilares) por los que esta circula.
Este sistema se define como: vascular, porque la sangre circula por vasos sanguíneos; cerrado, porque la sangre no sale de los vasos sanguíneos; doble, porque la sangre recorre dos circuitos, el pulmonar o menor, y el corporal o mayor, y completo, porque la sangre carboxigenada no se mezcla con la oxigenada.

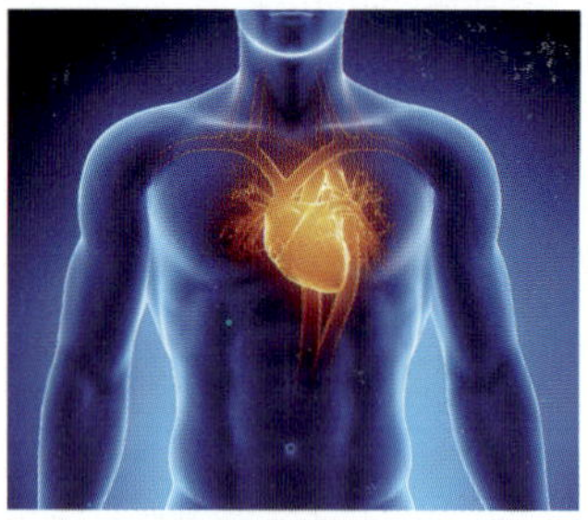

EL CORAZÓN

Es el encargado de bombear la sangre a todo el cuerpo. Se encuentra dentro de una envoltura fibrosa llamada **pericardio** y se sitúa dentro de la caja torácica, entre los dos pulmones, por delante del esófago y apoyado sobre el diafragma. Tiene el volumen de un puño y su peso varía entre los 300 y los 500 g. Está formado por musculatura estriada, y es hueco y elástico.

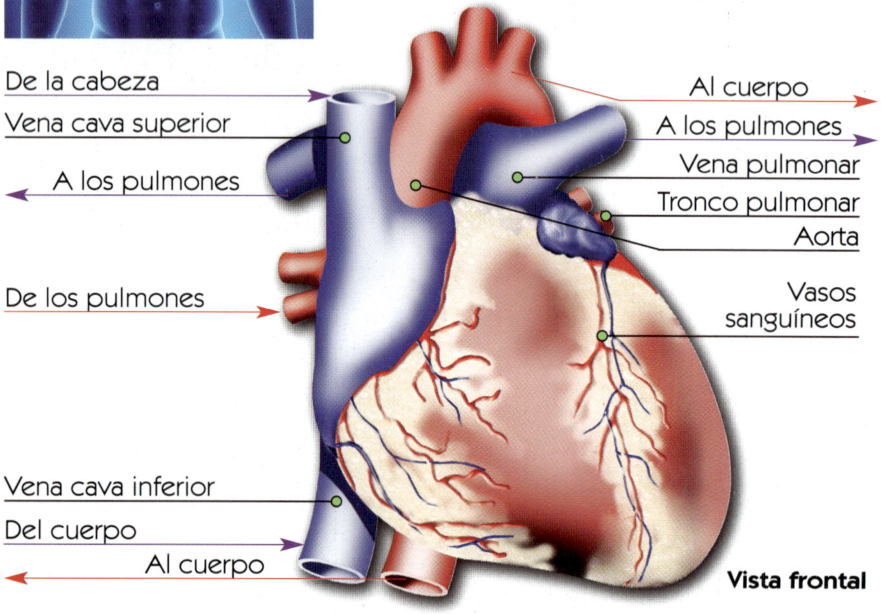

Vista frontal

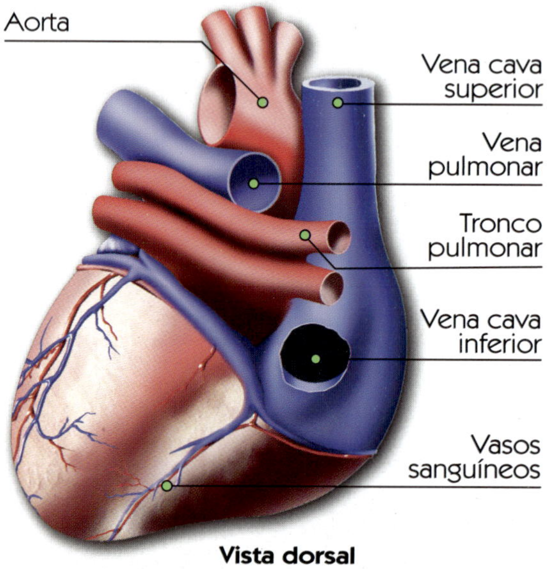

Vista dorsal

Está divido en cuatro cavidades: dos aurículas y dos ventrículos. Cada aurícula se comunica con el ventrículo del mismo lado, pero ni aurículas ni ventrículos se comunican entre sí. Internamente, están revestidas por una capa de tejido elástico llamada **endocardio**. La mitad derecha describe el circuito llamado de **circulación menor**; bombea la sangre pobre en oxígeno hasta los pulmones, para oxigenarla. La mitad izquierda envía la sangre oxigenada al circuito llamado de **circulación mayor**, es decir, hacia el cuerpo.

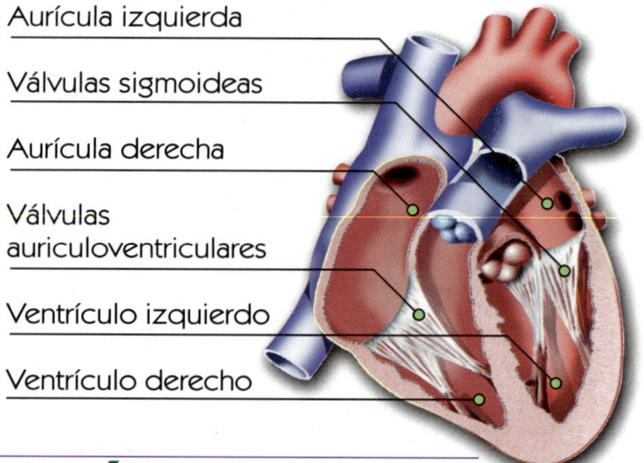

MOVIMIENTOS DEL RITMO CARDÍACO

El movimiento de bombeo del corazón consta de cuatro instancias:

1- **Diástole auricular:** la sangre de las venas cavas y pulmonares llena las aurículas.
2- **Diástole ventricular:** las válvulas auriculoventriculares se abren. La sangre procedente de las aurículas llena los ventrículos.
3- **Final de la diástole con máximo llenado ventricular:** tanto las válvulas ventriculares como las sigmoideas están cerradas.
4- **Sístole ventricular:** las válvulas sigmoideas se abren y permiten el paso de sangre de los ventrículos a la aorta y a las arterias pulmonares, respectivamente.

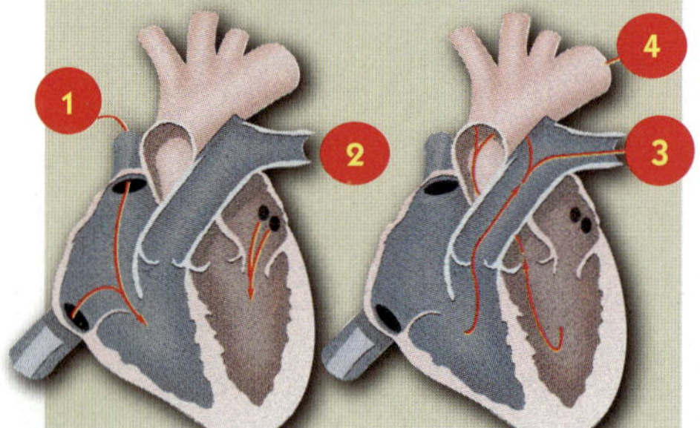

LOS VASOS SANGUÍNEOS

La sangre llega a todas las células del cuerpo por medio de una extensa red de vasos sanguíneos. Las **arterias** llevan la sangre oxigenada a los tejidos y las **venas** transportan la sangre cargada con desechos de vuelta al corazón.

LAS ARTERIAS | **LAS VENAS**

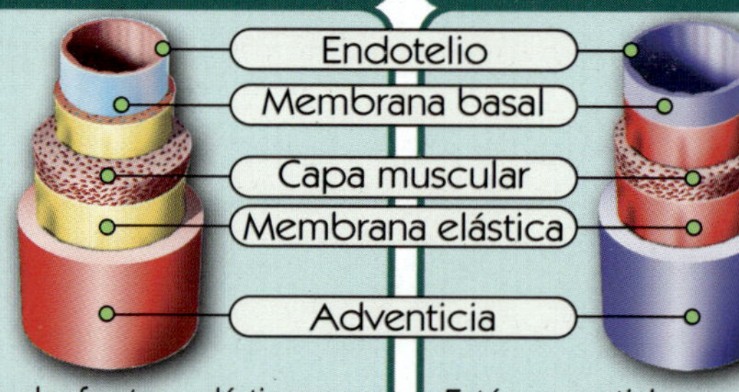

Tienen paredes fuertes y elásticas que se adaptan a las variaciones que se producen en el flujo sanguíneo.

Están sometidas a menos presión que las arterias, por eso son más delgadas.

Sistema circulatorio

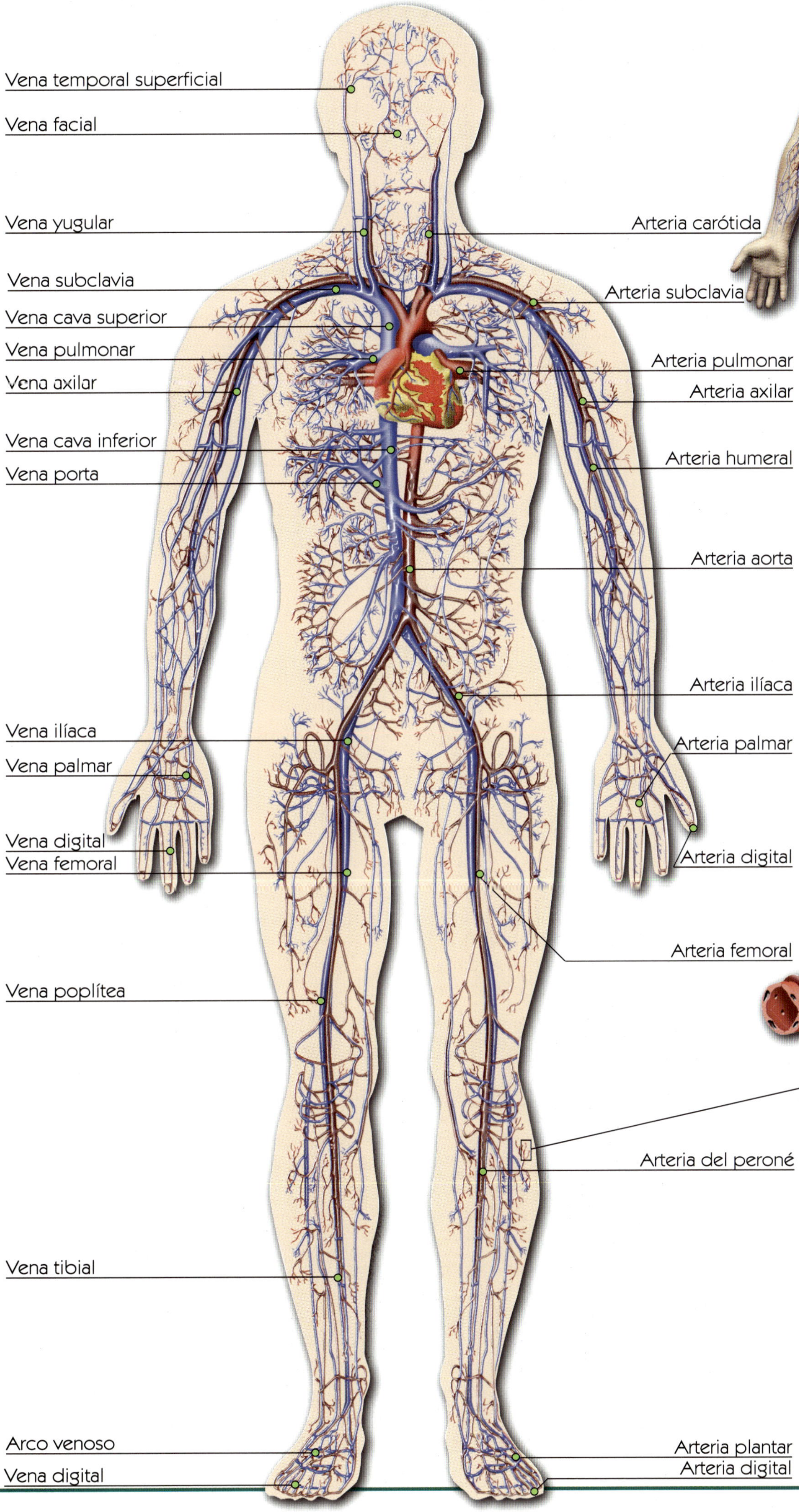

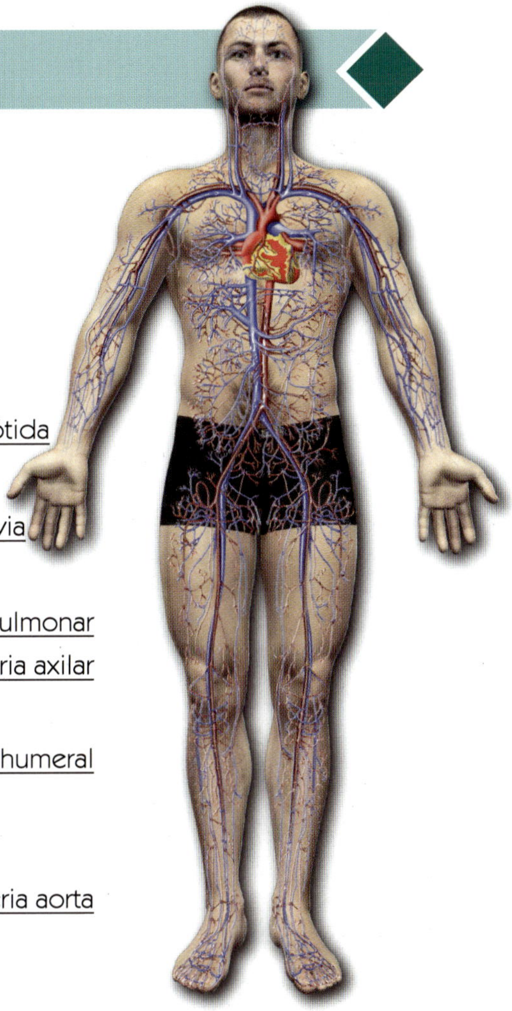

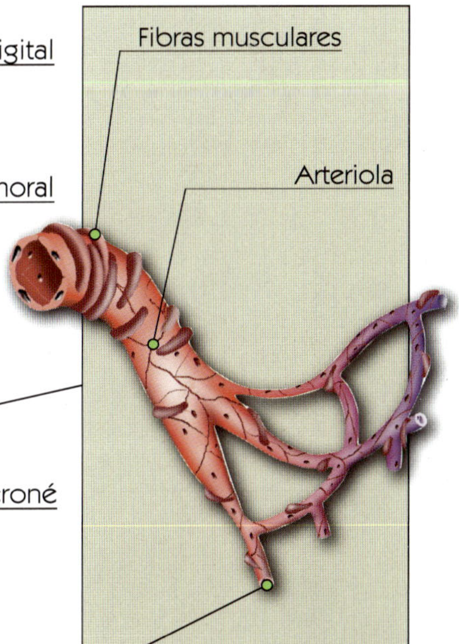

Capilares

En el nivel de los capilares se produce la liberación de oxígeno y nutrientes, desde la sangre hacia los tejidos, y se recoge el dióxido de carbono y el material de desecho de estos.

El sistema linfático

Es el encargado de la defensa e inmunidad del organismo. Así como existe una serie de vasos sanguíneos por donde circula la sangre, hay otra serie de vasos por donde circula la linfa, que constituye, junto con una sucesión de ganglios, el llamado sistema linfático.

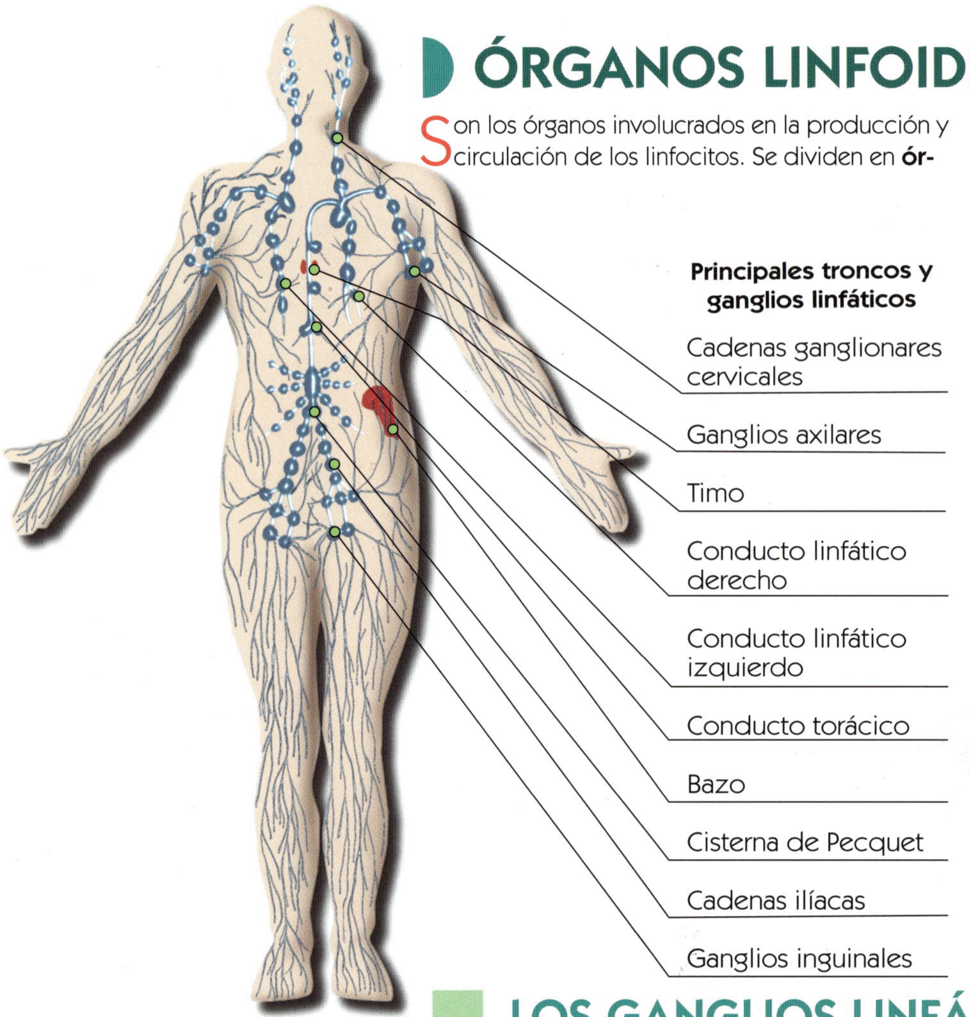

ÓRGANOS LINFOIDES

Son los órganos involucrados en la producción y circulación de los linfocitos. Se dividen en **órganos primarios**, **órganos secundarios** y **vasos linfáticos**.

ÓRGANOS PRIMARIOS

Son: la **médula ósea**, donde se originan los **linfocitos B**, que se especializan en la producción de anticuerpos; y el **timo**, donde se originan los **linfocitos T**, que son los responsables de las respuestas inmunes mediadas por células.

ÓRGANOS SECUNDARIOS

Estos son, además de los **ganglios linfáticos**, el tejido linfoide asociado a las mucosas (amígdalas o adenoides, por ejemplo) y el **bazo**. El bazo se especializa en las respuestas contra antígenos que llegan por la sangre.

LOS VASOS LINFÁTICOS

Se originan en los **capilares linfáticos**, los cuales nacen en los espacios intercelulares de los tejidos. Poseen válvulas de forma semilunar, que evitan el reflujo de la linfa.

LOS GANGLIOS LINFÁTICOS

Están intercalados entre los colectores y tienen tamaños diferentes, que varían entre una cabeza de alfiler y un guisante. Están agrupados formando grupos ganglionares que se localizan en la axila, ingle, cuello, pelvis, etcétera. Los colectores que llegan al ganglio son los **aferentes** y suelen ser varios, mientras que los que salen son los **eferentes**, uno solo por ganglio. Aferentes y eferentes entran y salen por el **hilo ganglionar**. Cada ganglio está cubierto por una cápsula fibrosa y por tejido linfoide, dispuesto en forma de nódulos en la periferia, y de cordones en la parte central del ganglio.

SECCIÓN DE UN GANGLIO

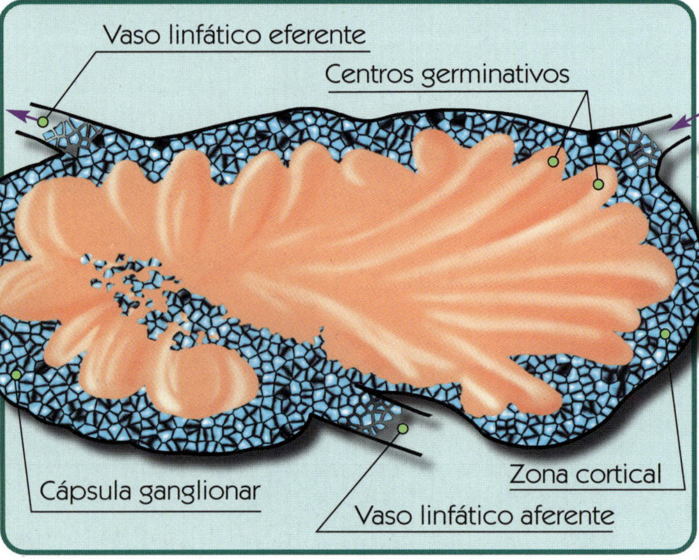

GANGLIOS LINFÁTICOS INGUINALES

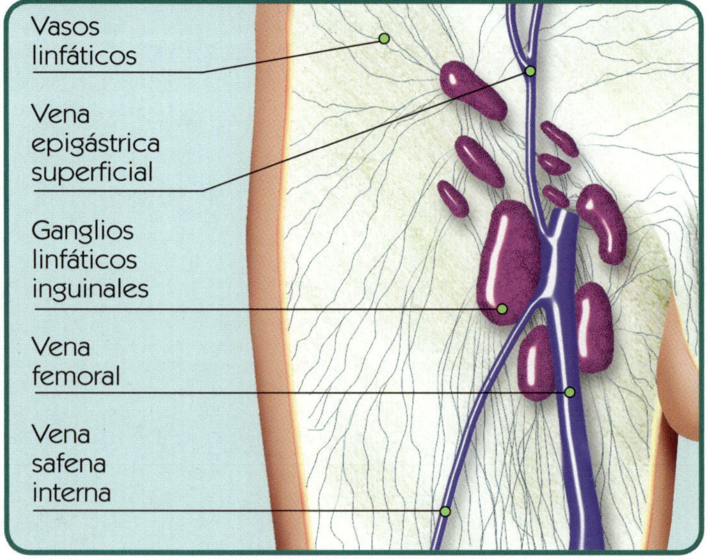

El sistema endocrino

Es el encargado de mantener el equilibrio del organismo. Para ello, cuenta con glándulas de secreción interna o endocrinas, que se encargan de elaborar sustancias químicas llamadas hormonas, las cuales se incorporan al organismo a través del sistema circulatorio.

LAS GLÁNDULAS ENDOCRINAS

No poseen conducto excretor que lleve el producto elaborado al exterior o a uno de los órganos internos. Las hormonas que producen estas glándulas se vierten en la corriente sanguínea.

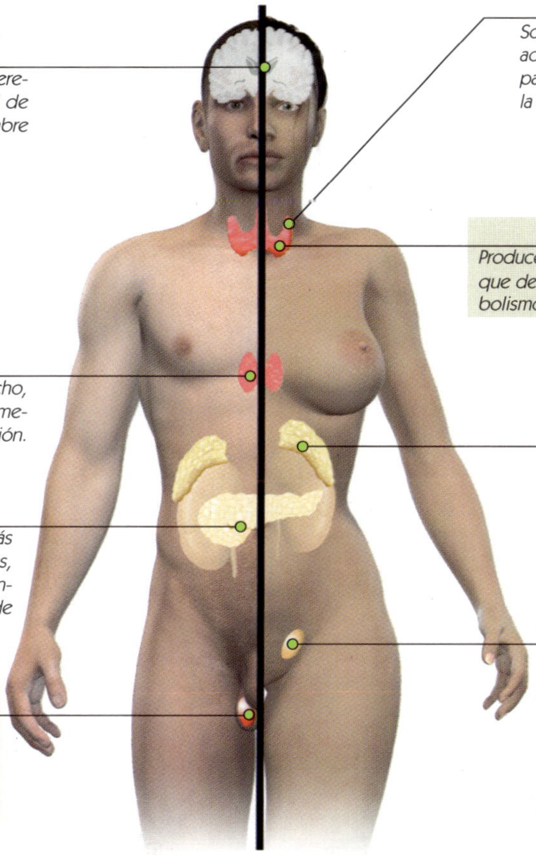

La hipófisis

También llamada pituitaria, está ubicada en la base del cerebro. Las hormonas que segrega controlan la actividad de otras glándulas, por eso también se la conoce con el nombre de glándula maestra.

Las paratiroides

Son cuatro pequeñas formaciones redondeadas que están adheridas a la cara posterior de la tiroides. Segregan la parathormona, que regula los niveles de calcio y fósforo en la sangre.

La tiroides

Produce, entre otras, la única hormona que tiene yodo: la tiroxina, que determina el aumento de las funciones vitales y del metabolismo en general.

El timo

Es un órgano de color pardo grisáceo, ubicado en el pecho, sobre el corazón, detrás del esternón. Regula un área del metabolismo y tiene participación en el proceso de osificación.

Glándulas suprarrenales

Se ubican sobre los riñones, su función es regular las respuestas al estrés, produciendo hormonas esteroides, como el cortisol, y otras como la adrenalina y la noradrenalina.

El páncreas

Está ubicado en la porción superior del abdomen, detrás del estómago. Presenta tejidos exocrinos y endocrinos, pero son los endocrinos los que secretan las hormonas, insulina y glucagón, encargadas de controlar los niveles de glucosa en el cuerpo.

Los ovarios

Ubicados a cada lado del útero, producen dos hormonas: el estrógeno, que estimula el desarrollo de los órganos reproductores femeninos y las características sexuales femeninas secundarias, como el desarrollo de los senos y el ensanchamiento de la pelvis; y la progesterona, que prepara la pared interna del útero para recibir al huevo fecundado y facilitar su crecimiento.

Los testículos

Ubicados en el interior del escroto, producen testosterona, que estimula el desarrollo de los órganos reproductores y las características sexuales masculinas, como el crecimiento de vellos en la cara y la voz gruesa.

LA TIROIDES

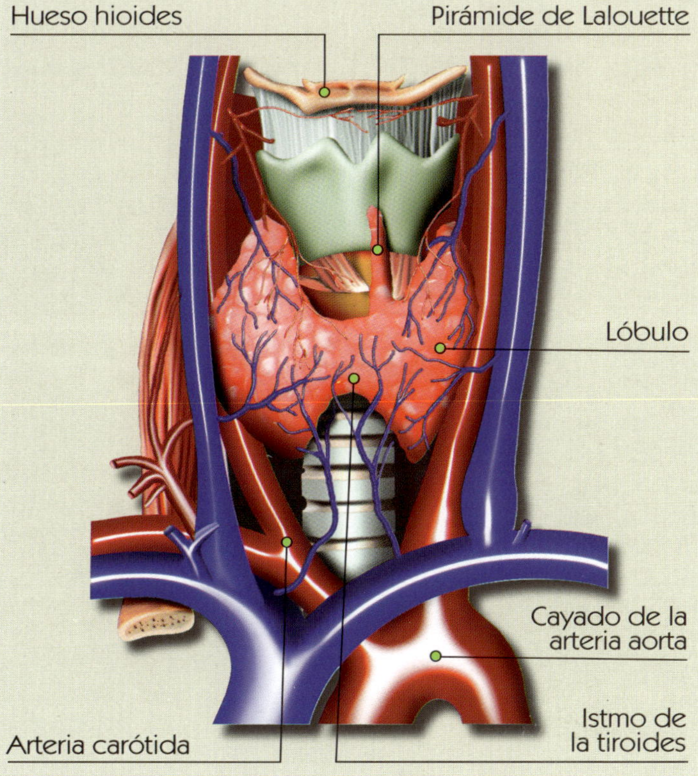

EL PÁNCREAS

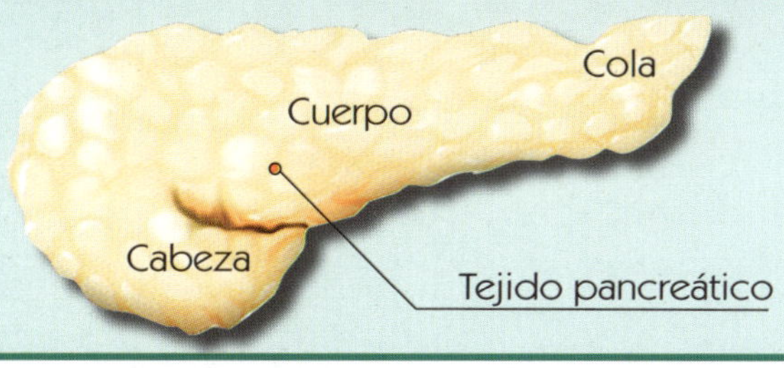

LAS GLÁNDULAS SUPRARRENALES

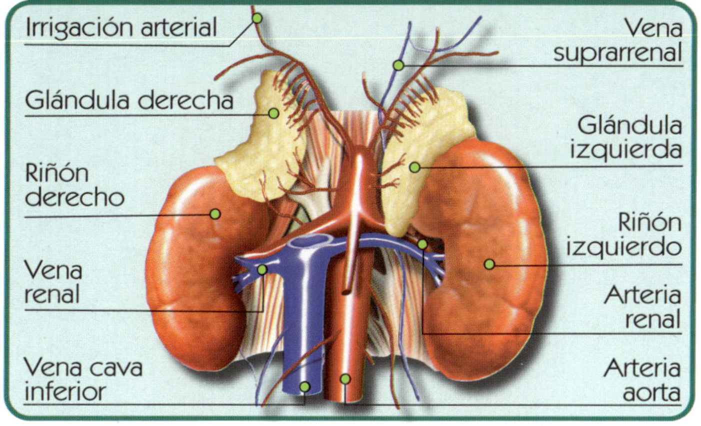

El sistema respiratorio

Es el encargado de la respiración, proceso que nos permite obtener el oxígeno necesario para oxidar los alimentos y obtener de ellos la energía. Contribuye a eliminar los desechos en forma de anhídrido carbónico y agua.

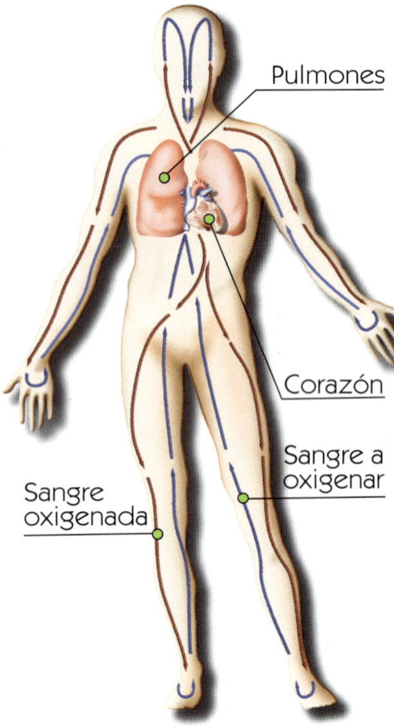

LA RESPIRACIÓN Y EL OXÍGENO

Al respirar tomamos aire, nos quedamos con el oxígeno y devolvemos dióxido de carbono y vapor de agua. Este intercambio de gases se produce dentro de los **sacos alveolares**, que mantienen el aire separado de la sangre por una delgadísima membrana, a través de la cual la sangre captura el oxígeno y deja el gas carbónico que traía.

LA INSPIRACIÓN

En ella el diafragma se aplasta y se contrae, y las costillas se mueven hacia arriba y hacia afuera. Esto aumenta el espacio de la cavidad torácica y hace que la presión del aire en el interior de ella sea inferior a la externa. El aire ingresa rápidamente para ocupar el lugar disponible dentro de los pulmones.

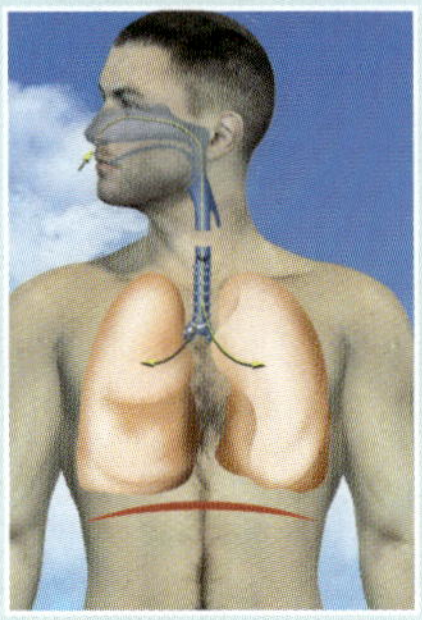

LA ESPIRACIÓN

Es un acto sobre todo pasivo. Se produce cuando el diafragma se relaja y sube, y las costillas se desplazan hacia abajo y adentro. El espacio de la cavidad torácica disminuye y el aire es expulsado hacia fuera.

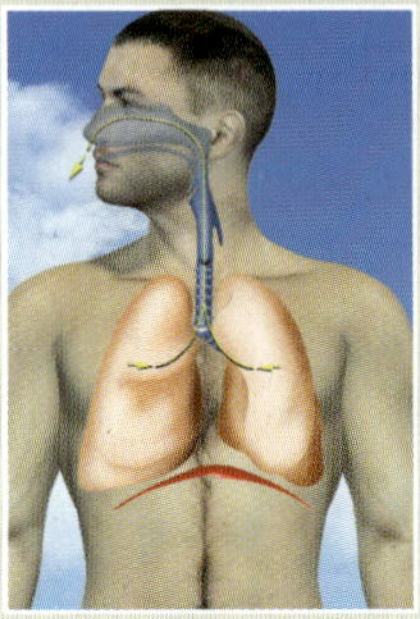

LOS ÓRGANOS DEL SISTEMA RESPIRATORIO

LAS FOSAS NASALES

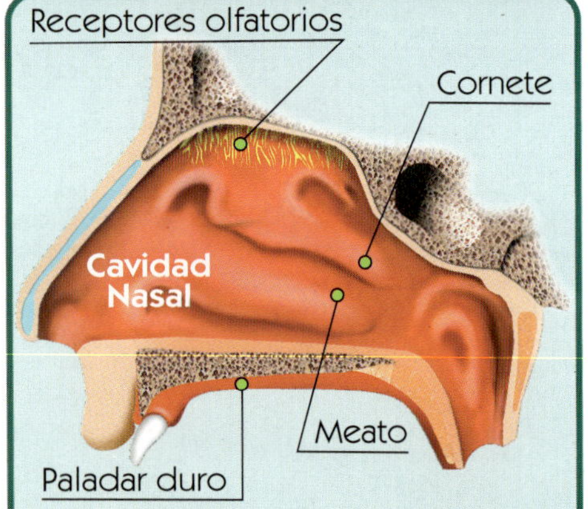

Están recubiertas por una membrana mucosa especial llamada **pituitaria**, que calienta y humedece el aire inspirado.

LA FARINGE

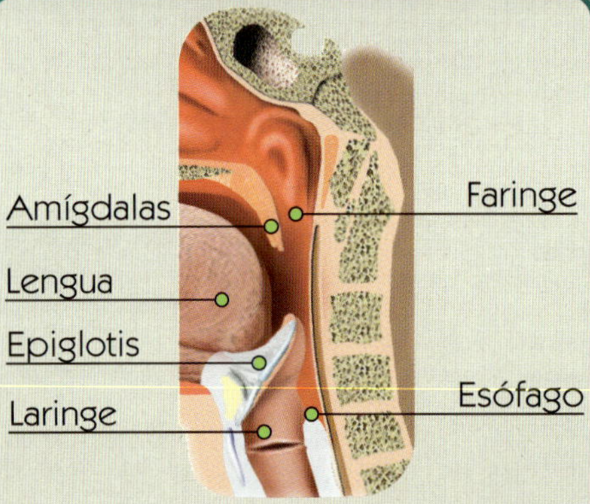

Es un órgano común al aparato digestivo y al respiratorio. El aire procedente de las fosas nasales circula por aquí, antes de pasar a la laringe.

LA LARINGE

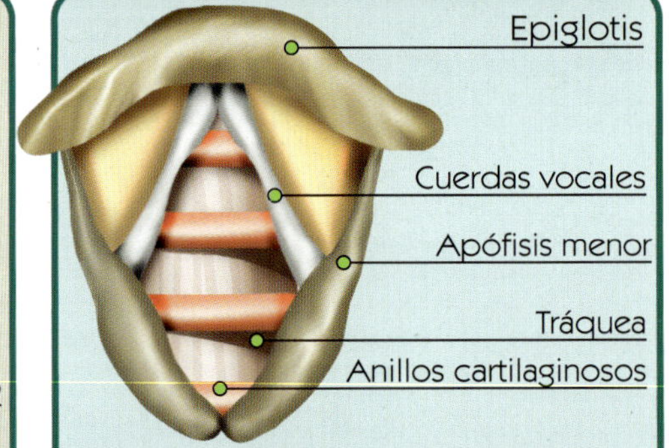

En el interior de este órgano se hallan las **cuerdas vocales**. Cuando los músculos internos de la faringe se contraen, ponen tensas y acercan entre sí estas cuerdas, y se produce el sonido.

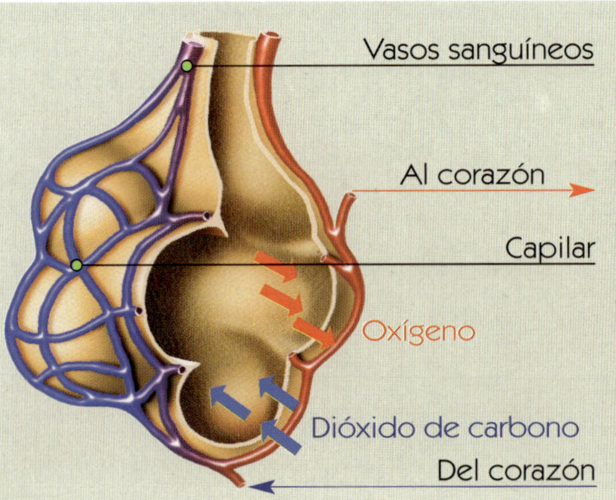

LOS ALVÉOLOS

En los extremos de los bronquiolos se agrupan los alvéolos, que están rodeados por los extremos más finos de venas y arterias: los capilares sanguíneos, en donde el oxígeno –por un juego de presiones– puede salir y entrar. Los glóbulos rojos de la sangre y el plasma llevan el oxígeno por todo el cuerpo.

LA TRÁQUEA

Es un conducto de 12 cm de largo, formado por anillos cartilaginosos. Al llegar al tórax, se bifurca y origina los **bronquios**; estos se separan entre sí para penetrar cada uno en el respectivo pulmón. Al penetrar en los pulmones, los bronquios se ramifican, formando los **bronquiolos**.

LOS PULMONES

Están revestidos por una membrana –la **pleura**– formada por dos hojas: una interna, que se adhiere al pulmón, y una externa, que tapiza internamente las paredes del tórax.

Sistema respiratorio

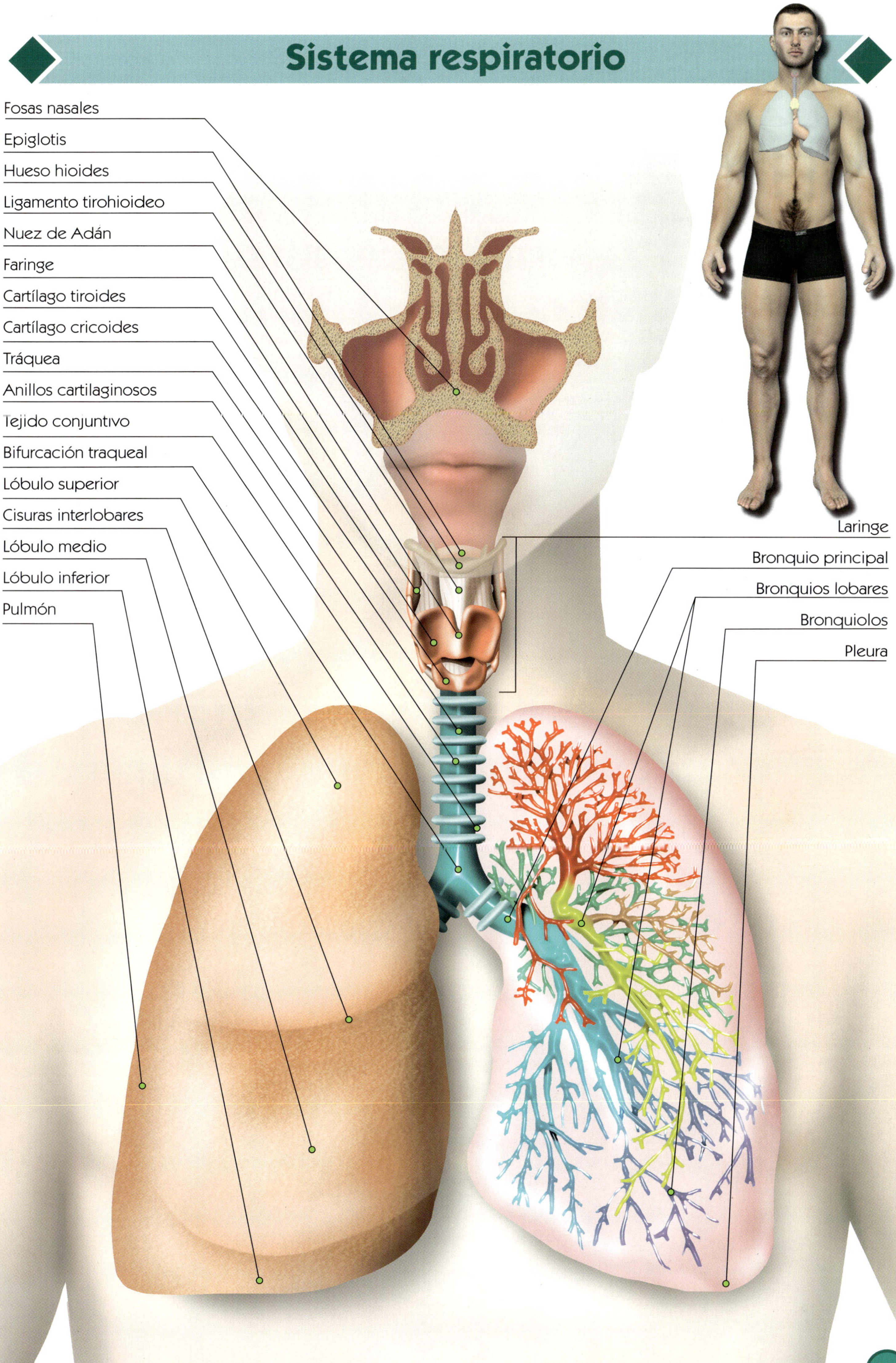

El sistema digestivo

Los alimentos que ingerimos constituyen la fuente de energía que necesita nuestro cuerpo para desarrollarse. Las células absorben pequeñas partículas de alimento (proteínas, glucosa y grasas) y extraen de ellas la energía necesaria. El conjunto de procesos que genera energía se denomina metabolismo. El sistema digestivo es el encargado de la digestión. Este es el proceso por el cual el organismo transforma los alimentos en sustancias más simples para que puedan ser absorbidas por las paredes del intestino, y de allí pasar a la sangre.

LOS ÓRGANOS DEL SISTEMA

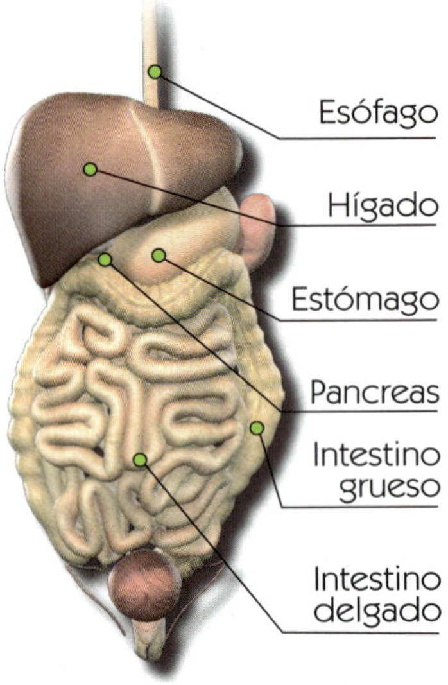

LA FARINGE

Esta cavidad se encuentra detrás de la boca y es común con el sistema respiratorio. Se encuentra por detrás del paladar, y en su interior se halla la **epiglotis** (cartílago), que impide el paso del bolo alimenticio a las vías respiratorias.

EL ESÓFAGO

Es un órgano con forma de tubo, de unos 25 cm de largo. Las contracciones de los músculos de la pared del esófago –movimientos peristálticos– impulsan el alimento hacia el estómago, con el que se comunica a través de un anillo muscular llamado **cardias**.

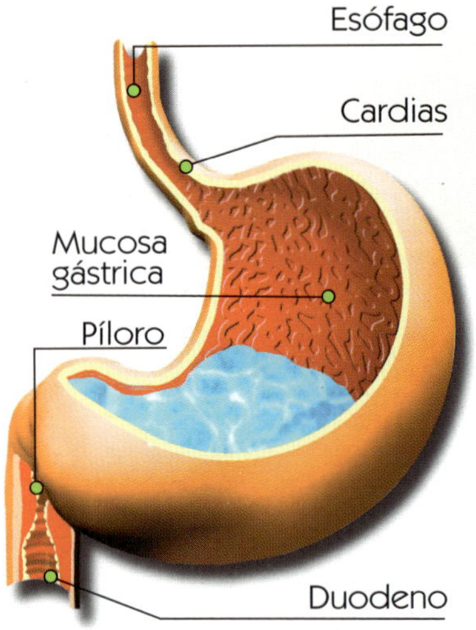

EL ESTÓMAGO

Es la porción más dilatada del tubo digestivo. Tiene una capacidad de 1500 cm^3. Está ubicado por detrás de las costillas, curvado hacia la derecha y hacia atrás. La porción inferior se separa del duodeno por un anillo muscular, llamado píloro.

EL PÁNCREAS

Está situado transversalmente, en la parte superior del abdomen. Secreta el **jugo pancreático** y la **insulina**.

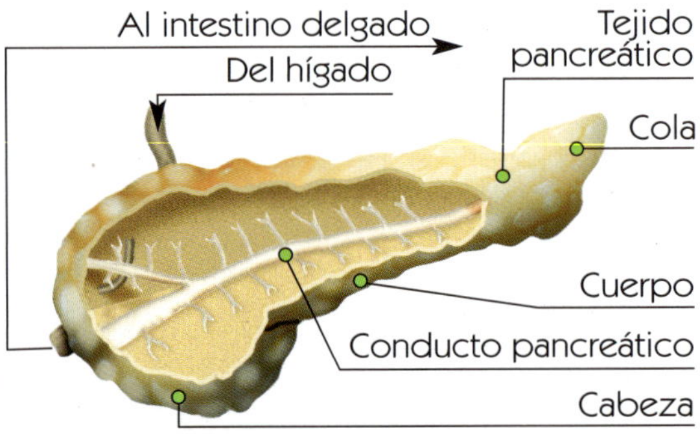

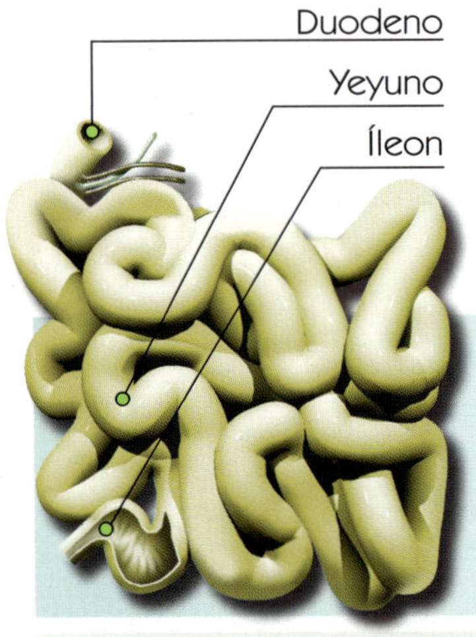

EL INTESTINO DELGADO

En él pueden distinguirse dos porciones: la primera, llamada **duodeno**, se extiende desde la finalización del estómago hasta el inicio de la segunda porción, llamada **yeyuno-íleon**; esta se prolonga hasta el intestino grueso.

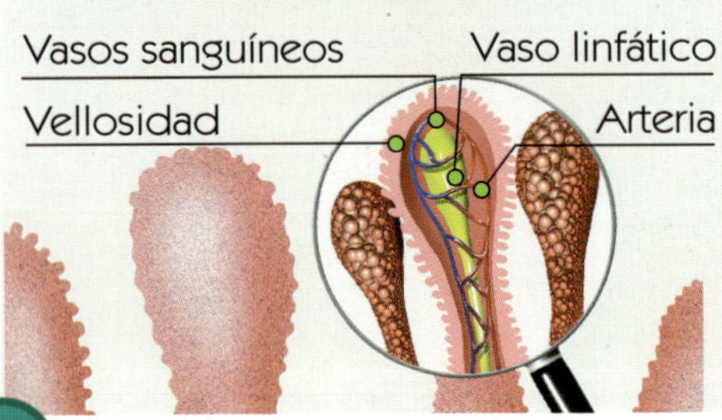

LAS VELLOSIDADES

La mucosa intestinal tiene muchos pliegues cubiertos por millones de prolongaciones, las vellosidades intestinales, gracias a las cuales la superficie de absorción aumenta considerablemente.

EL INTESTINO GRUESO

Está formado por el **colon**, el **recto** y el **conducto anal**.

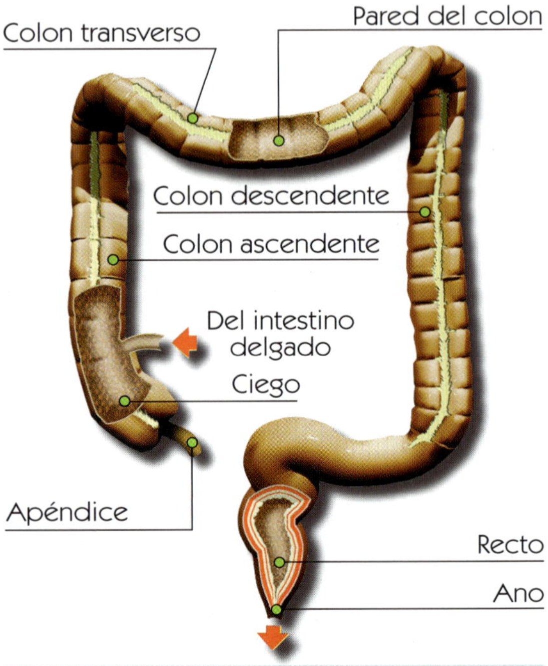

EL HÍGADO

En él se llevan a cabo más de 500 procesos distintos, entre ellos los relacionados con la absorción de los alimentos, la regulación de los glóbulos rojos, la depuración de la sangre y la producción de **bilis** (secreción de color amarillento verdoso).

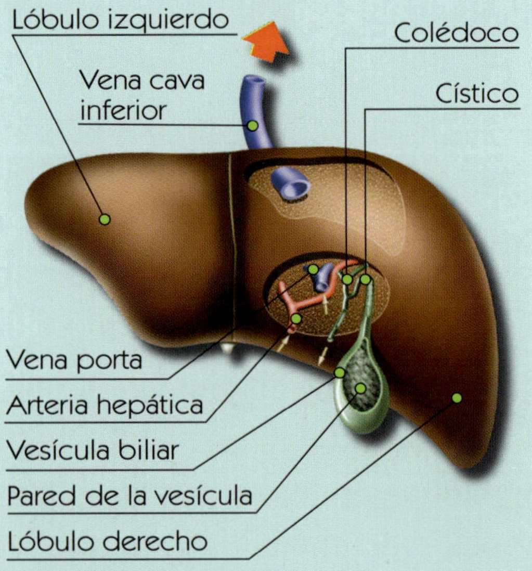

LA VESÍCULA BILIAR

Cumple la función de almacenar la bilis que fue elaborada por el hígado.

EL PROCESO DE LA DIGESTIÓN

1 La **masticación** es el primer paso de la digestión. En la boca, los alimentos sólidos son cortados y triturados por los dientes (**digestión mecánica**). Las glándulas salivales colaboran mediante la segregación de saliva, que actúa de lubricante y destruye las bacterias ingeridas con los alimentos. Una enzima llamada **amilasa** o **ptialina** transforma el almidón ingerido en maltosa (**digestión química**).

2 La **deglución** de los alimentos es el paso a través de la faringe (un repliegue, llamado epiglotis, obstruye la glotis para que los alimentos no se introduzcan en el sistema respiratorio). En el esófago, los movimientos peristálticos hacen avanzar el bolo alimenticio hacia el estómago.

3 En el estómago hay músculos que "baten" el bolo alimenticio (digestión mecánica) y glándulas que segregan **jugo gástrico** (digestión química), que ayuda a ablandar más y más el alimento. Así, el bolo alimenticio se convierte en una masa cremosa, casi líquida, que se llama **quimo**. El quimo es enviado por el estómago al duodeno (primera porción del intestino delgado) en pequeñas cantidades.

4 En el intestino delgado, el quimo pasa entre tres y cuatro horas, avanzando lentamente mientras se mezcla con diversos jugos: el jugo intestinal (producido por el mismo duodeno), la bilis (producida por el hígado) y el jugo pancreático (producido por el páncreas). En este período de la digestión química, los glúcidos se transforman en monosacáridos; las grasas se "rompen" en ácidos grasos y glicerina, y las proteínas quedan convertidas en **aminoácidos**. La nueva mezcla que se ha formado se llama **quilo** y contiene, además, agua y otras sustancias no digeridas.

5 La digestión ha terminado y los nutrientes traspasan la pared intestinal para incorporarse al torrente circulatorio y ser transportados a todas las células del cuerpo. Este paso se llama **absorción**.

6 Las sustancias que no han sido absorbidas pasan al intestino grueso. Las glándulas que tapizan este órgano segregan **mucus**, que colabora en la absorción de agua y minerales, los cuales pasan al torrente sanguíneo y mantienen la hidratación corporal.

7 Nuevamente, los movimientos peristálticos hacen que el resto de las sustancias (lo que no se utiliza) sea llevado hacia la última porción del intestino grueso: el recto. Desde allí será expulsado al exterior a través de un orificio: el ano. Este último proceso se llama **egestión** o **defecación**.

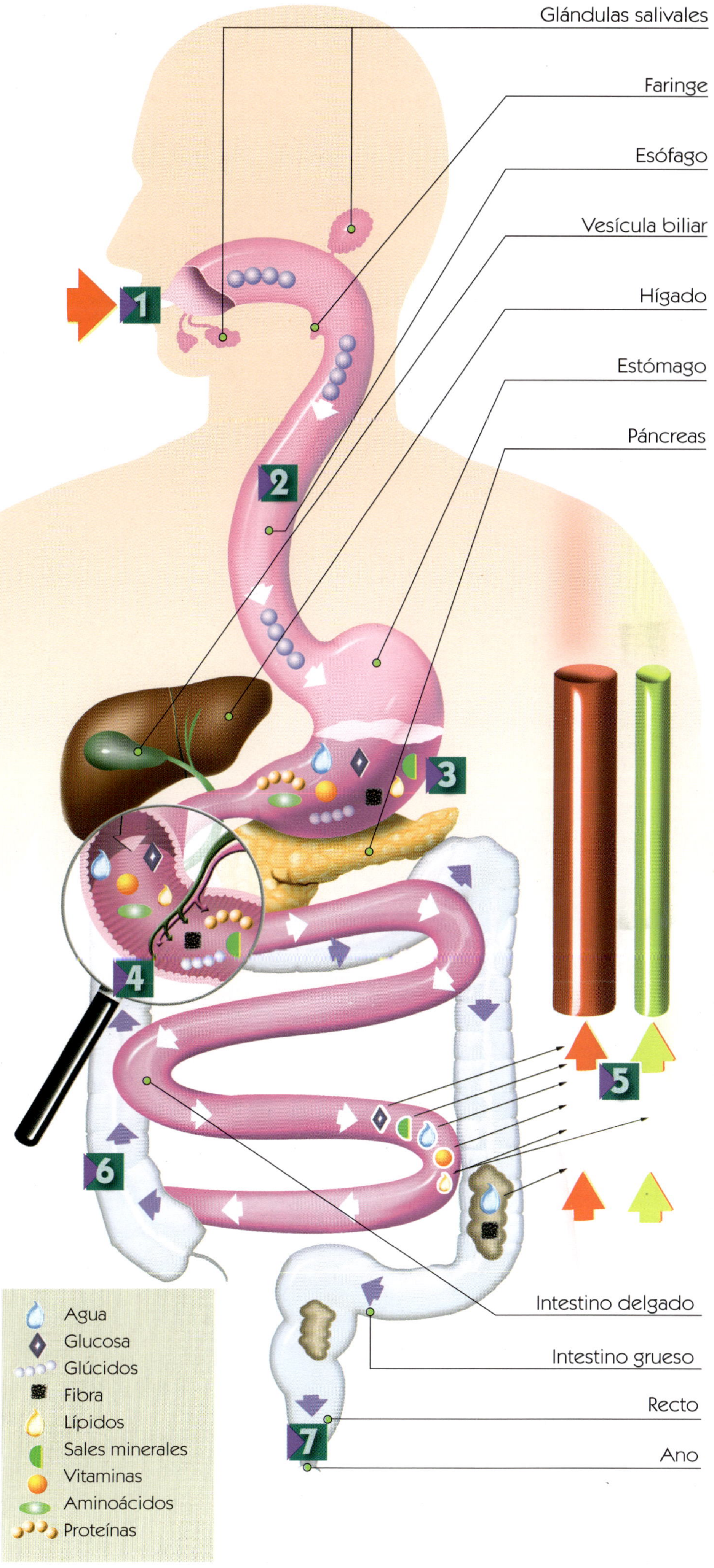

La boca y los dientes

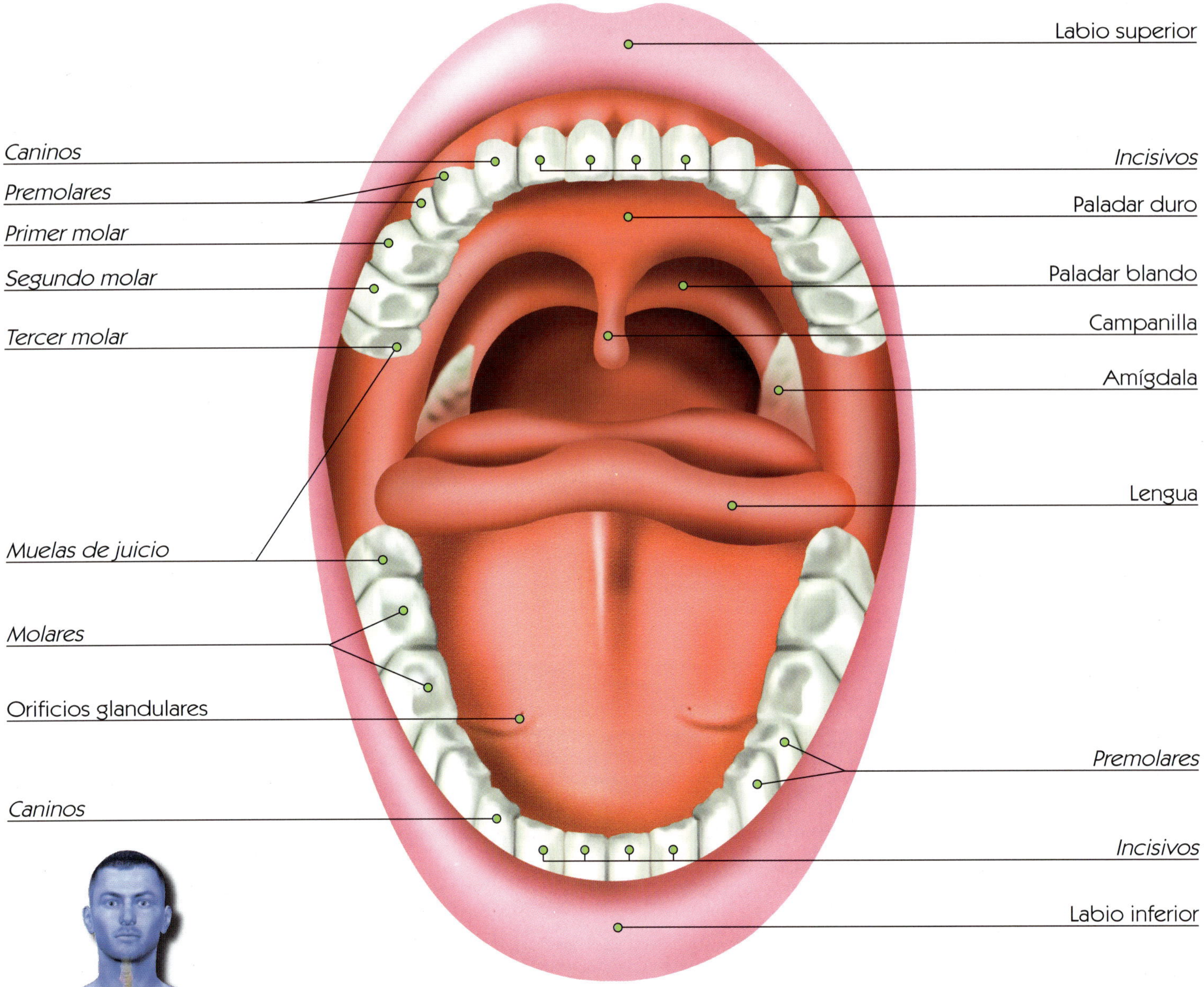

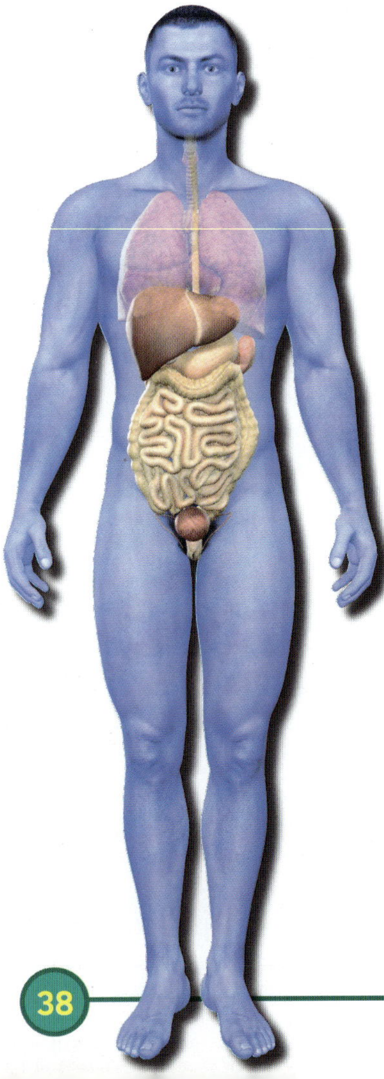

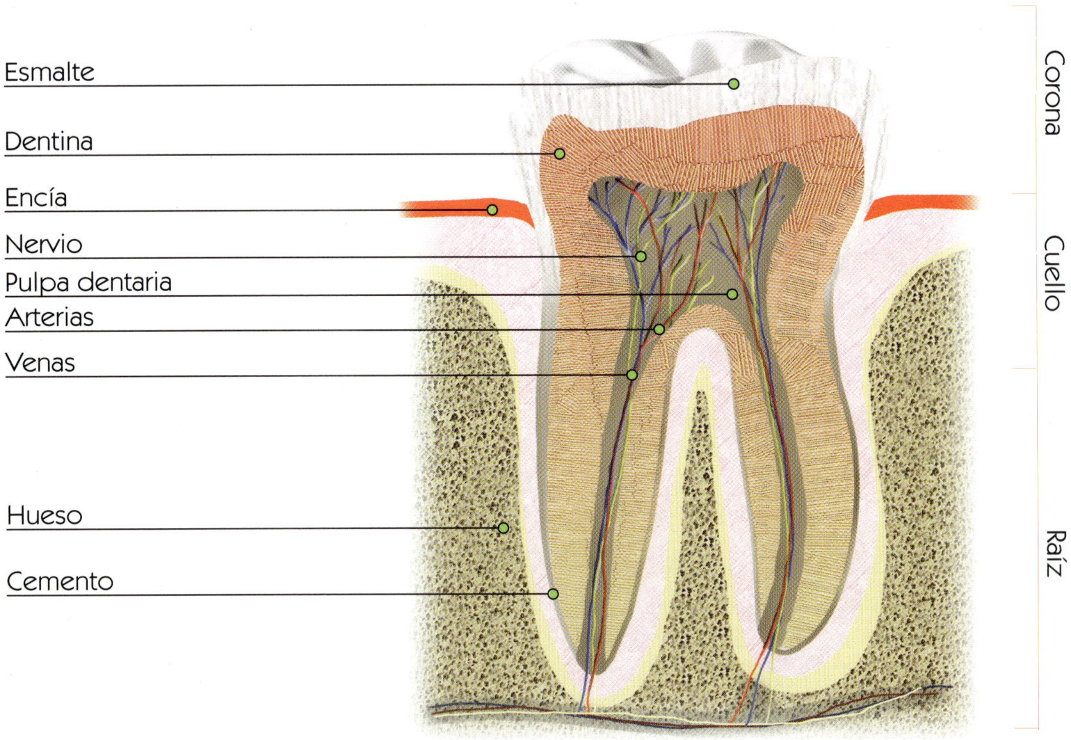

Sistema digestivo

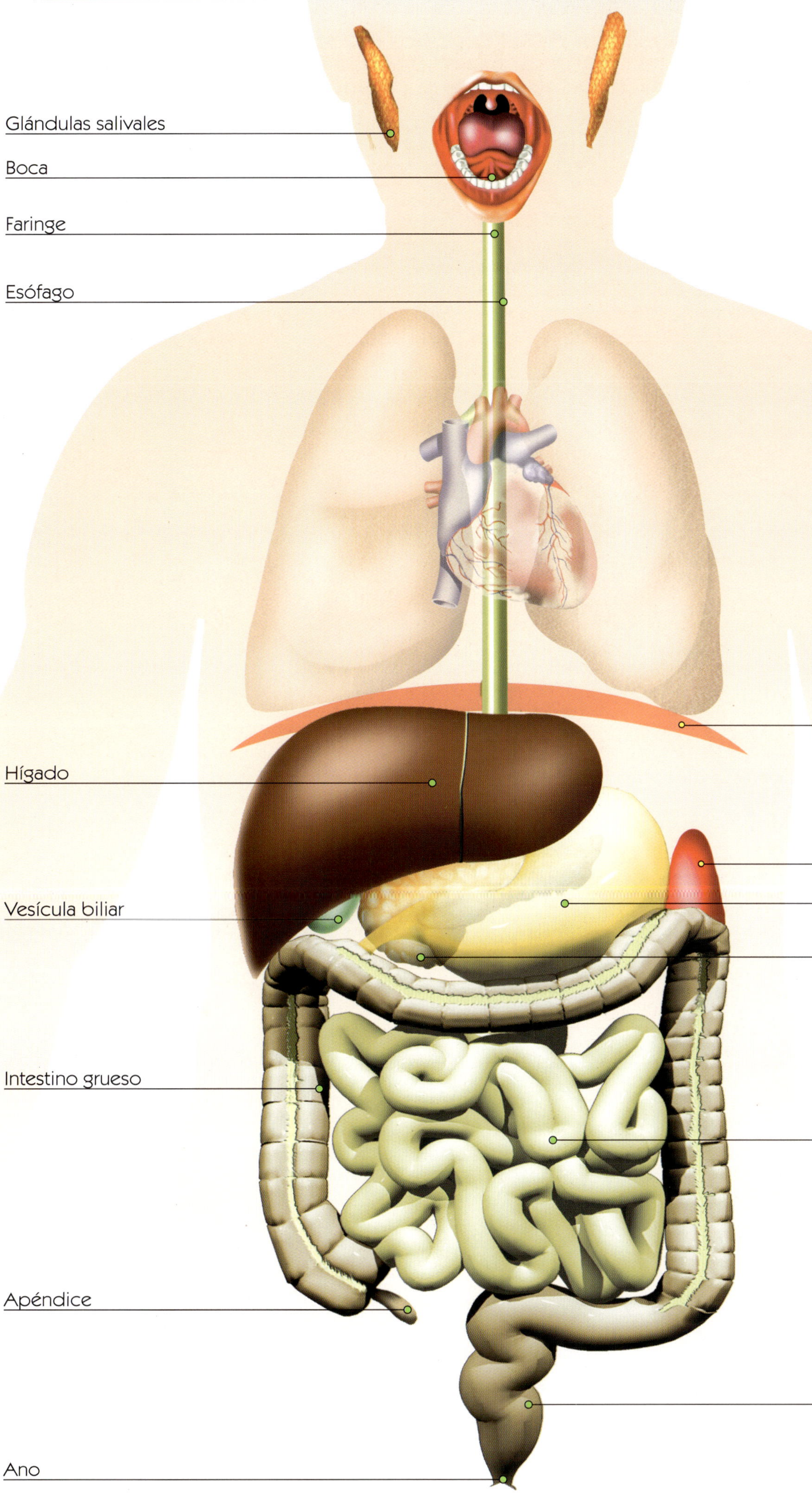

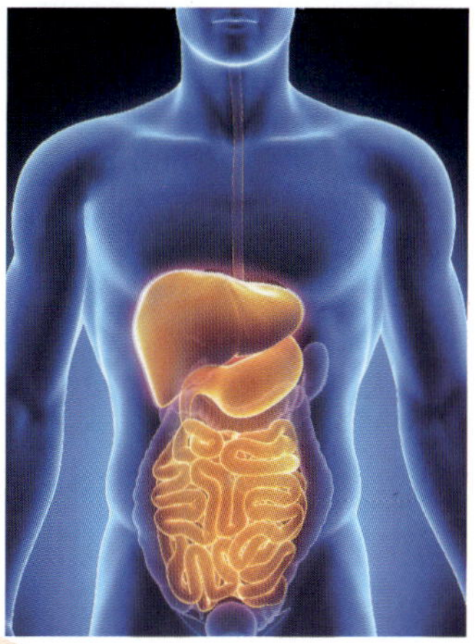

El sistema excretor

La excreción es la expulsión al exterior de los desechos producidos por la actividad celular. Hemos visto que el sistema digestivo y el sistema respiratorio cumplen en parte esa función. Los que completan el sistema excretor son el sistema urinario y las glándulas sudoríparas.

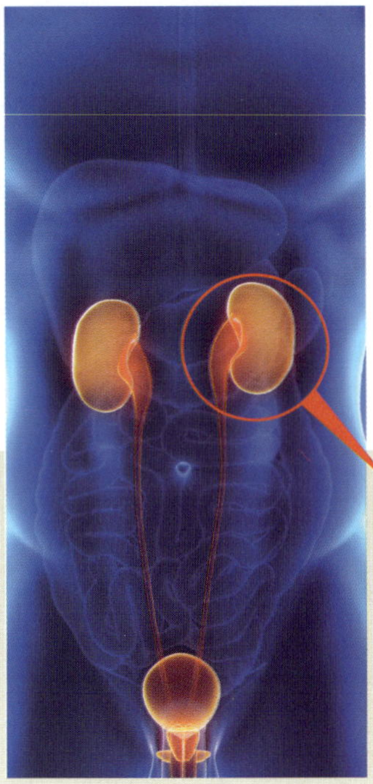

LA ELIMINACIÓN DEL AGUA

En la **excreción** o eliminación de un producto tan simple como el agua intervienen el **sistema urinario**, el sistema digestivo, el sistema respiratorio y las **glándulas sudoríparas**. En efecto, una vez producida la absorción de los alimentos, quedan en el intestino sustancias de residuo: las **heces fecales**. Estas contienen cierta cantidad de agua, que les confiere consistencia más o menos pastosa. Otra parte del agua que incorpora el organismo se expulsa, en forma de vapor, al espirar; es decir que vuelve a la atmósfera a través de las fosas nasales o de la boca. La **orina**, producida por los riñones, también contiene gran cantidad de agua. Algo similar ocurre con el **sudor**, producido por las glándulas sudoríparas.

EL SISTEMA URINARIO

LOS RIÑONES

Son los principales órganos excretores. Cada uno mide alrededor de 10 cm de largo y pesa aproximadamente 150 gramos. Hasta ellos llega la sangre, cargada de sustancias de desecho que ha ido recogiendo por todo el cuerpo. En los riñones, los excedentes de agua, la sal común, el amoníaco, la urea y otras sustancias formarán la orina.

LOS URÉTERES

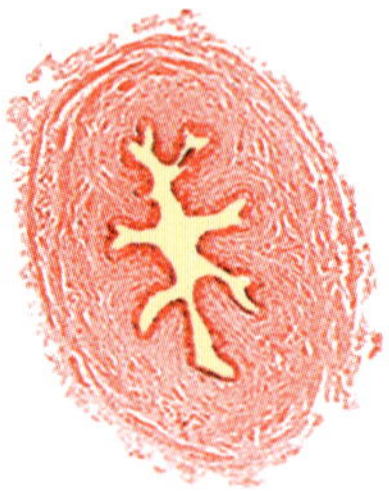

Son conductos delgadísimos, de aproximadamente 30 cm de longitud, revestidos de dos capas musculares. La orina, que se genera constantemente, a medida que es producida pasa a través de ellos hacia la vejiga.

LOS NEFRONES

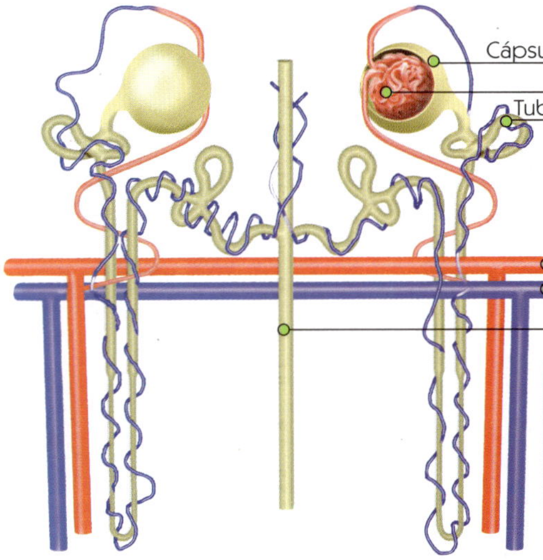

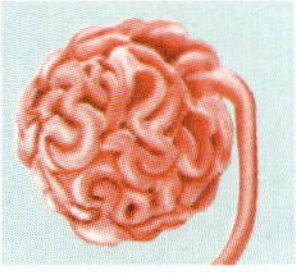

Glomérulo

Un **nefrón** –unidad estructural y funcional del riñón– está constituido por dos partes principales: el **ovillo capilar** o **glomérulo**, con forma de ovillo; un **tubo excretor**, largo y fino, que en su recorrido se enrolla sobre sí mismo varias veces, formando una U. Termina en un **tubo colector**, más largo y grueso, en el que desembocan varios nefrones.

LA VEJIGA

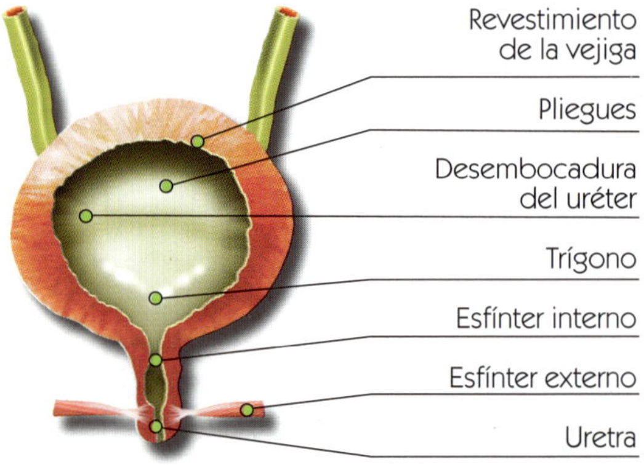

Es un órgano muscular que almacena la orina que los uréteres vierten en ella continuamente. Está situada en la pelvis y tiene una capacidad de 300-350 cm^3. Cuando está llena, se produce la **micción**, que es el acto de expulsar la orina al exterior.

LAS GLÁNDULAS SUDORÍPARAS

Se distribuyen por toda la superficie de nuestro cuerpo, pero en mayor proporción en las palmas de las manos, plantas de los pies, frente, tronco y axilas. La parte secretora de las glándulas, que se presenta en forma arrollada, de ovillo, se encuentra en la dermis. De ella sale un estrecho y largo tubo que desemboca en la superficie de la epidermis. Estas glándulas eliminan al exterior, a través del sudor, las mismas sustancias que la orina, pero con una mayor proporción de agua. Al mismo tiempo, mantienen constante la temperatura corporal.

Sección de la epidermis

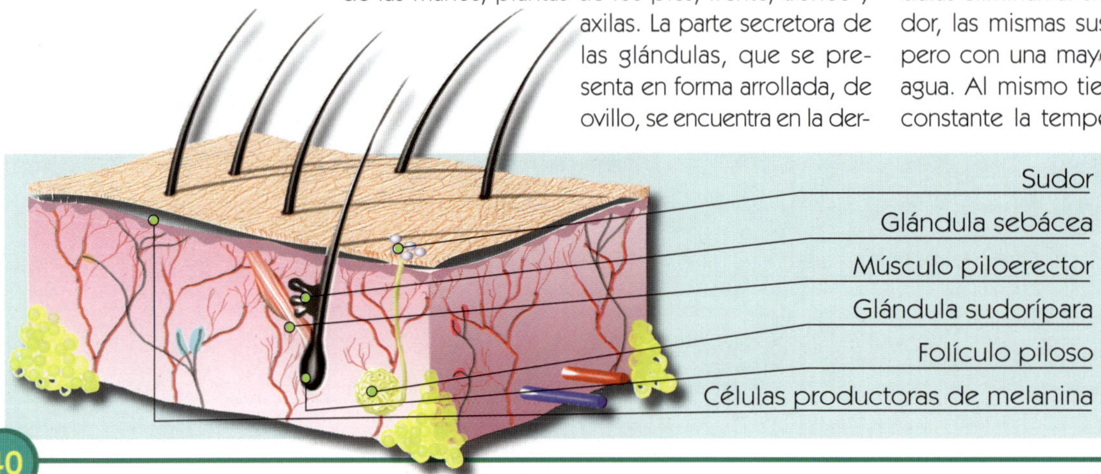

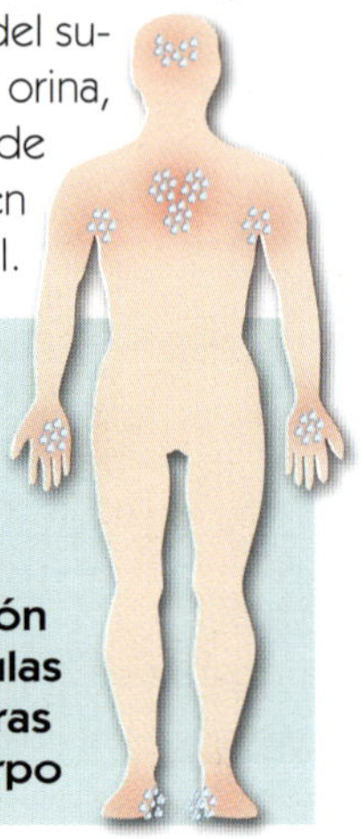

Mayor proporción de glándulas sudoríparas en el cuerpo

Sistema urinario

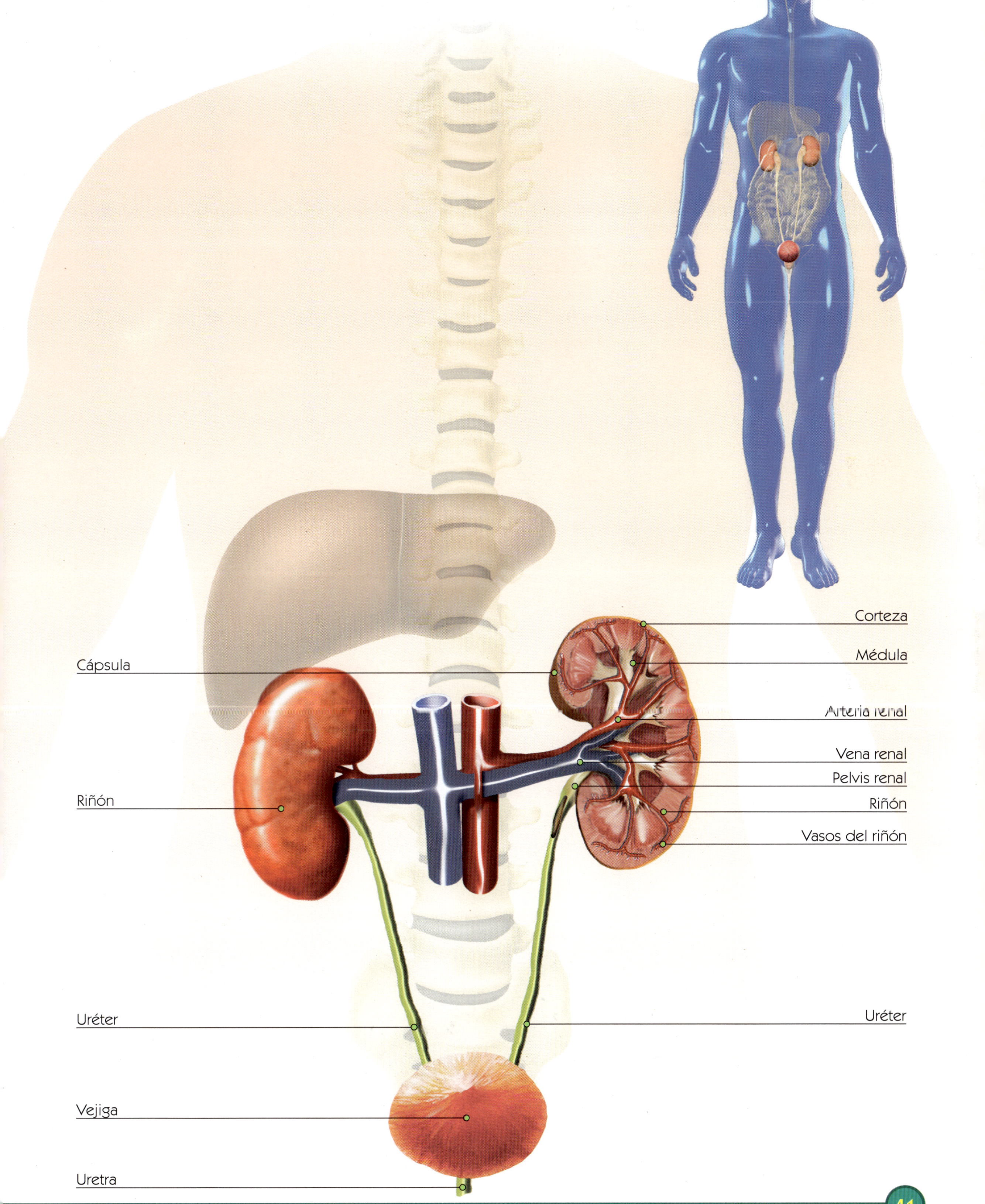

El sistema reproductor masculino

Su función se inicia cuando aparecen los caracteres sexuales secundarios en los varones, durante la pubertad. A través de una relación sexual, aporta espermatozoides fértiles, que pueden fecundar un óvulo y dar origen a un nuevo ser humano y, de esta manera, asegurar la continuidad de la especie.

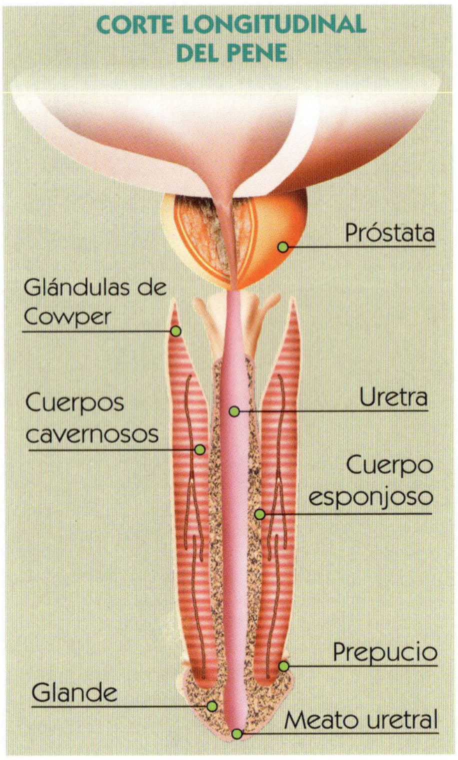

EL PENE

Es el órgano copulador masculino. Durante el coito, tiene la función de llevar el **semen** al aparato genital femenino. Externamente, está formado por el **glande**, que es el extremo distal del pene, y el **prepucio**, que es un repliegue tegumentario que envuelve y protege al glande.

LOS ÓRGANOS INTERNOS

1 LOS TESTÍCULOS

Son dos estructuras ovaladas, que se encuentran suspendidas dentro del **escroto** por medio de los **cordones espermáticos**. Están rodeados por una membrana fibrosa de color blanco, denominada **túnica albugínea**. Por dentro, la túnica albugínea forma celdas (como los gajos de una naranja) que están ocupadas por **túbulos seminíferos**. En ellos se almacenan **espermatozoides** (células sexuales o gametas masculinas) antes de comenzar su recorrido por el **conducto deferente**.

2 EL EPIDÍDIMO

Es una estructura tubular, situada en la parte posterior de cada testículo. Su largo conducto enrollado permite el almacenamiento, tránsito y maduración de los espermatozoides.

3 LA URETRA

Es un largo conducto que se extiende desde el cuello de la vejiga hasta la extremidad del pene. Sirve para la evacuación de la orina y del esperma.

4 LA PRÓSTATA

Es un órgano de consistencia más o menos dura, que rodea el cuello de la vejiga. Produce un líquido incoloro: el **líquido seminal**, que permite el transporte fluido de los espermatozoides.

5 VESÍCULAS SEMINALES

Son receptáculos membranosos extensibles y contráctiles, de unos 6 cm de largo, en los cuales se acumula el esperma a medida que se va elaborando. Son dos (derecha e izquierda), situadas entre la vejiga y el recto. Segregan un líquido alcalino, de color blanco, llamado **esperma**.

6 CONDUCTO DEFERENTE

Se extiende desde el epidídimo hasta las vesículas seminales. Mide alrededor de 35 a 45 cm de longitud, y pasa a través del conducto inguinal a la cavidad abdominal, para unirse luego con la uretra. Antes de que esto ocurra, cada conducto deferente se hunde por detrás de la vejiga urinaria, penetra en la próstata y se une a un conducto de la vesícula seminal para dar origen al conducto eyaculador.

7 CONDUCTO EYACULADOR

Son dos (derecho e izquierdo) y resultan de la unión del conducto deferente y la vesícula seminal. Es corto, pasa a través de la próstata y se vacía en la uretra, volcando en ella el esperma formado y almacenado en la vesícula y la próstata.

8 GLÁNDULAS DE COWPER

Segregan un fluido que contribuye a lubricar el pene durante la excitación sexual.

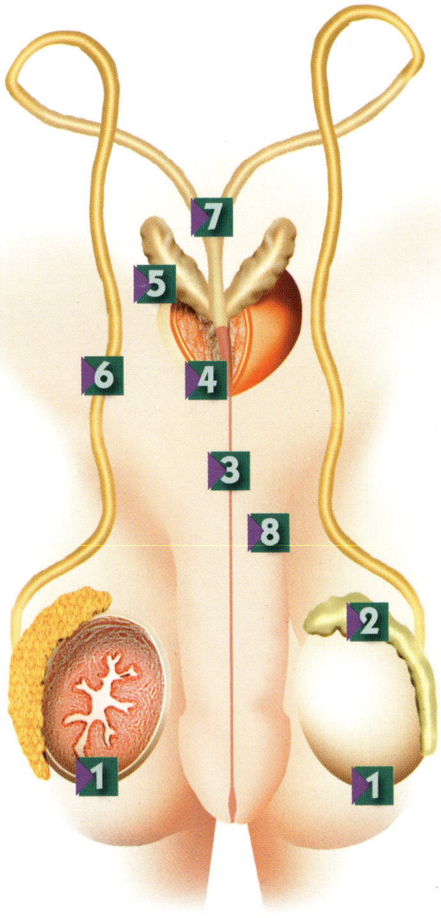

CORTE TRANSVERSAL DEL PENE

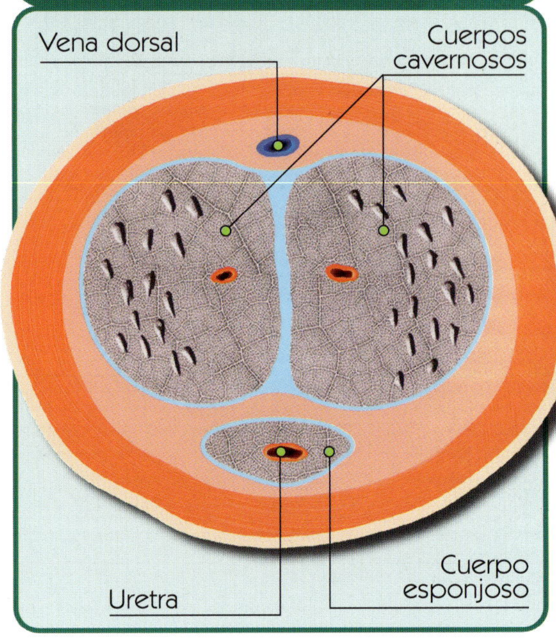

Sistema reproductor masculino

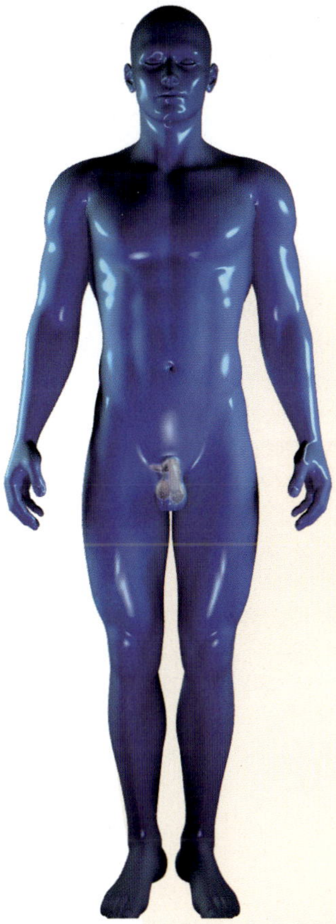

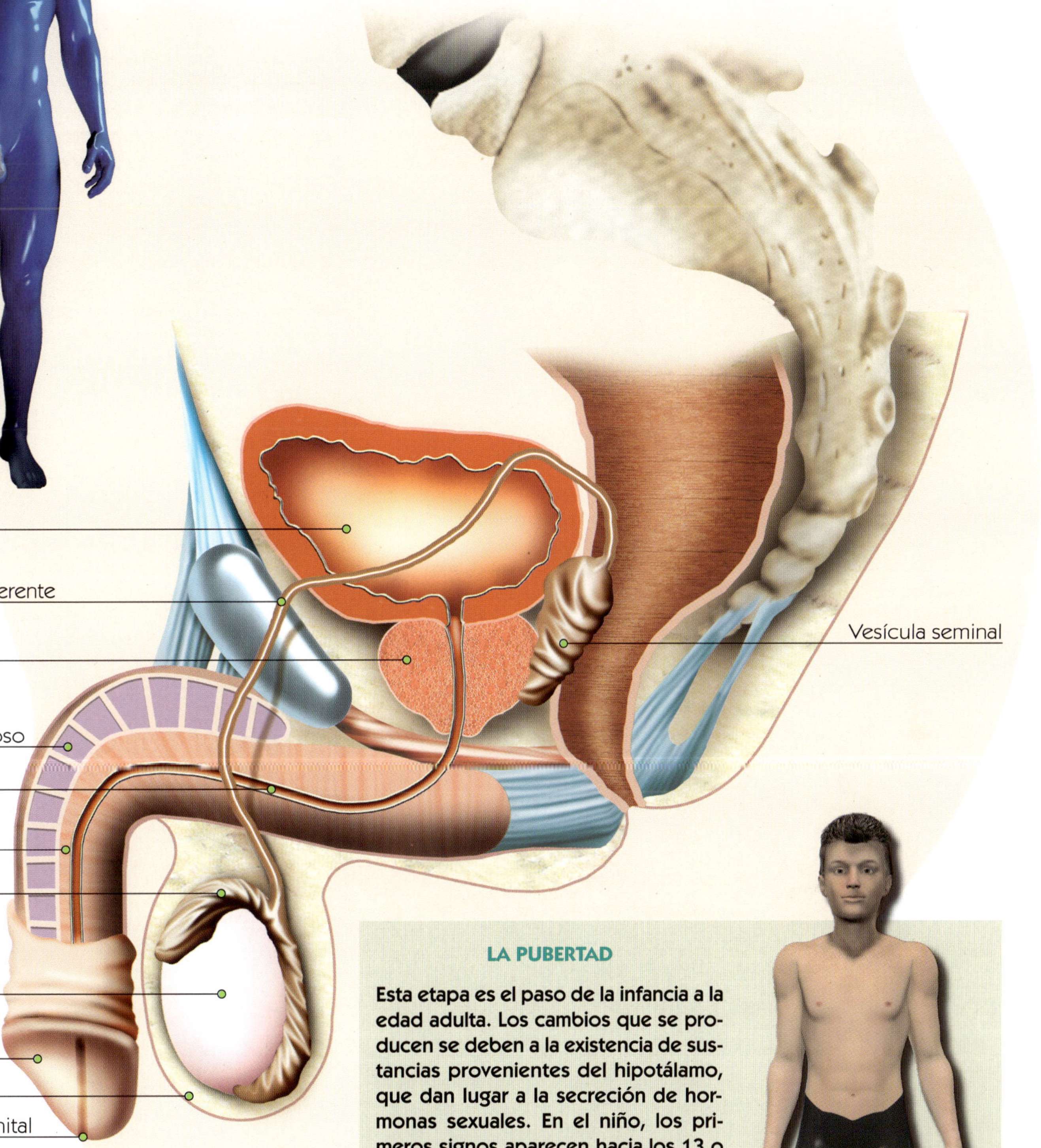

LA PUBERTAD

Esta etapa es el paso de la infancia a la edad adulta. Los cambios que se producen se deben a la existencia de sustancias provenientes del hipotálamo, que dan lugar a la secreción de hormonas sexuales. En el niño, los primeros signos aparecen hacia los 13 o 14 años. Primero se incrementa el tamaño de los testículos; el pene se alarga y la próstata aumenta de volumen. Luego, aparece el vello en distintas partes del cuerpo. Los músculos se desarrollan y el niño crece rápidamente. La voz cambia, y la piel segrega más grasa y puede aparecer el acné.

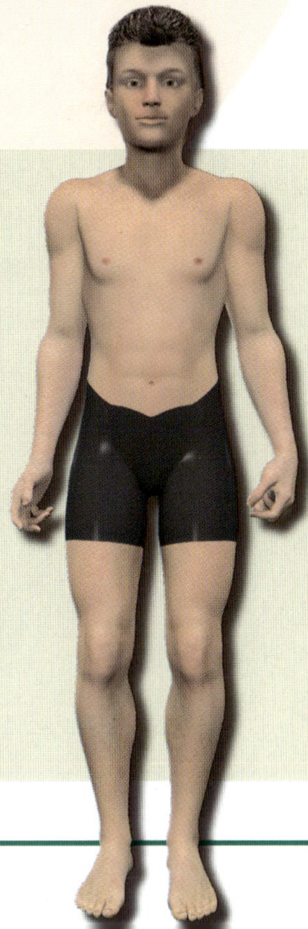

El sistema reproductor femenino

Está constituido por distintos órganos destinados a producir los óvulos, posibilitar la fecundación de estos por los espermatozoides, contener y nutrir al feto durante la gestación y expulsarlo en el acto del parto.

ÓRGANOS EXTERNOS

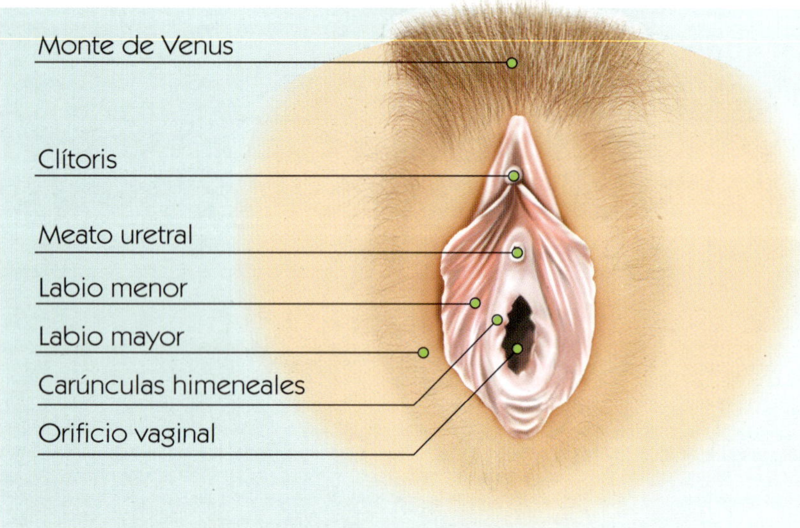

LA VULVA

Con este nombre se denomina al conjunto de los órganos externos de la mujer. Se ubica en la cara interna de los muslos y está conformado por:

- **Monte de Venus:** es la eminencia situada delante del pubis, entre las ingles. Externamente está recubierta por el vello pubiano.
- **Labios mayores:** son repliegues de la piel que protegen las otras partes de la vulva.
- **Labios menores:** son repliegues de color rojizo que recubren la salida de la vagina.
- **Himen:** es un repliegue membranoso que ocluye parcialmente el orificio vaginal.
- **Clítoris:** es una estructura pequeña, ubicada en la unión anterior de los labios menores.

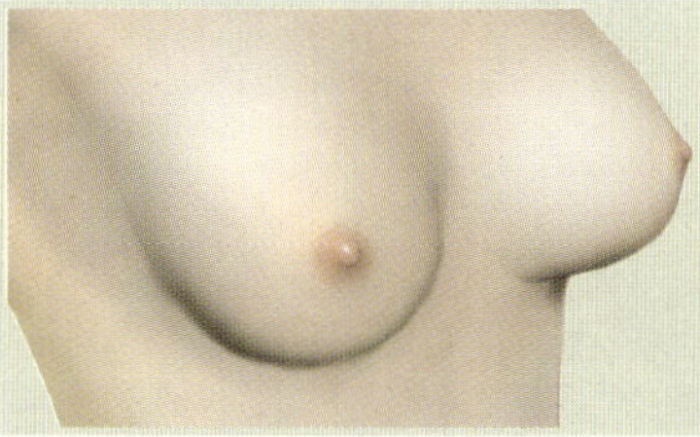

GLÁNDULAS ANEXAS

Las mamas: son glándulas preparadas para segregar leche (luego del parto), y están formadas por tejido conjuntivo adiposo y glandular. Están situadas en el tórax, tienen forma hemisférica, y su consistencia y volumen son variables. En el pezón, desembocan los conductos de la glándula mamaria.

ÓRGANOS INTERNOS

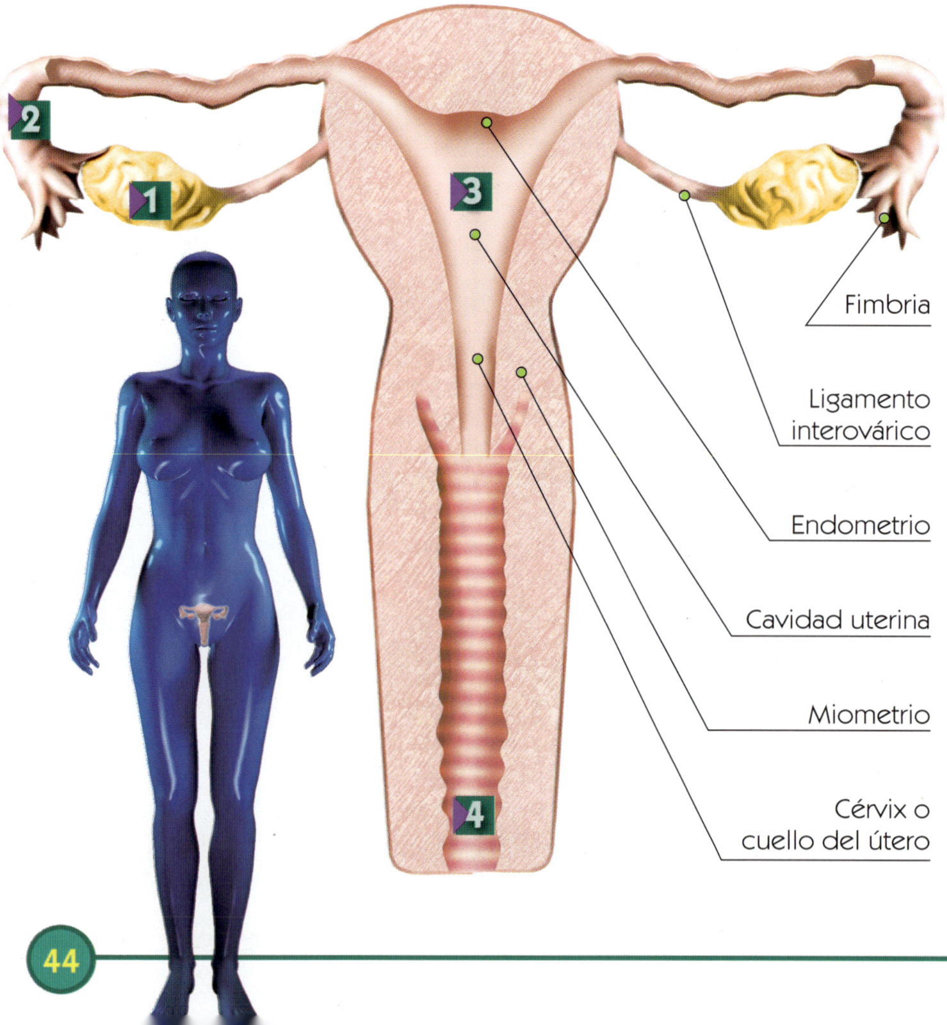

1 LOS OVARIOS

Son dos órganos de forma ovalada, parecidos a una almendra, de color grisáceo y aspecto granulado. En su interior se encuentran abundantes células de distintos tamaños, llamadas **folículos**. Dentro del folículo, se acumulan células alrededor del **óvulo** o célula germinal.

2 LAS TROMPAS DE FALOPIO

Son dos órganos con forma tubular y alargada, de aproximadamente 12 cm de longitud, que se extienden desde el ovario hasta el **útero**.

3 EL ÚTERO

Es un órgano hueco ubicado entre la vejiga (por delante) y el recto (por detrás). Tiene forma de pera. Sus paredes son gruesas y están formadas por una abundante capa muscular, denominada **miometrio**. Posee una cavidad de forma triangular, revestida por un tejido epitelial llamado **endometrio**.

4 LA VAGINA

Es un conducto aplanado de unos 20 cm de longitud. Su extremo superior rodea la parte inferior del cuello uterino.

Sistema reproductor femenino

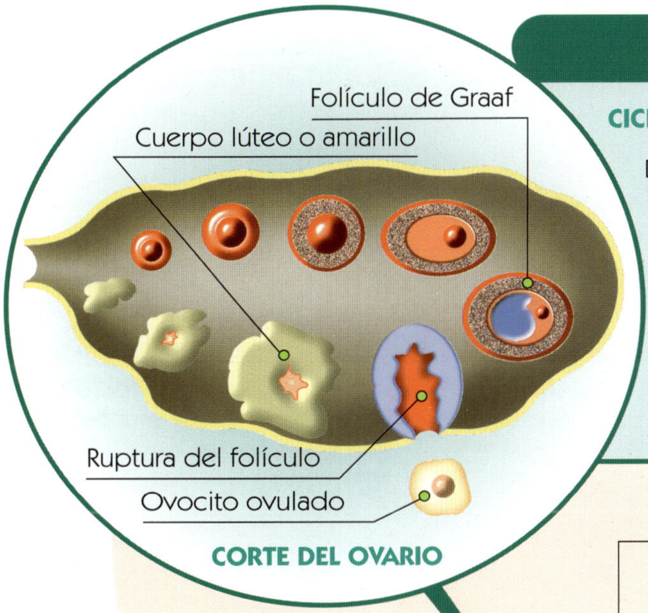

CORTE DEL OVARIO

OVARIO

CICLO OVÁRICO

Durante este ciclo, por acción de las **gonadotropinas** (hormonas), comienzan a madurar varios folículos, los cuales crecen y se desarrollan. Generalmente, uno solo alcanza el estado de **folículo de Graaf**. Esto ocurre en 14 días aproximadamente, al cabo de los cuales, el folículo maduro se rompe y deja en libertad al óvulo. El folículo roto se convierte en el **cuerpo lúteo** o **cuerpo amarillo** (glándula endocrina), que produce **progesterona**, hormona que ayuda a mantener la gestación. Si no se produce la fecundación del óvulo, el cuerpo lúteo desaparece, y así comenzará un nuevo ciclo.

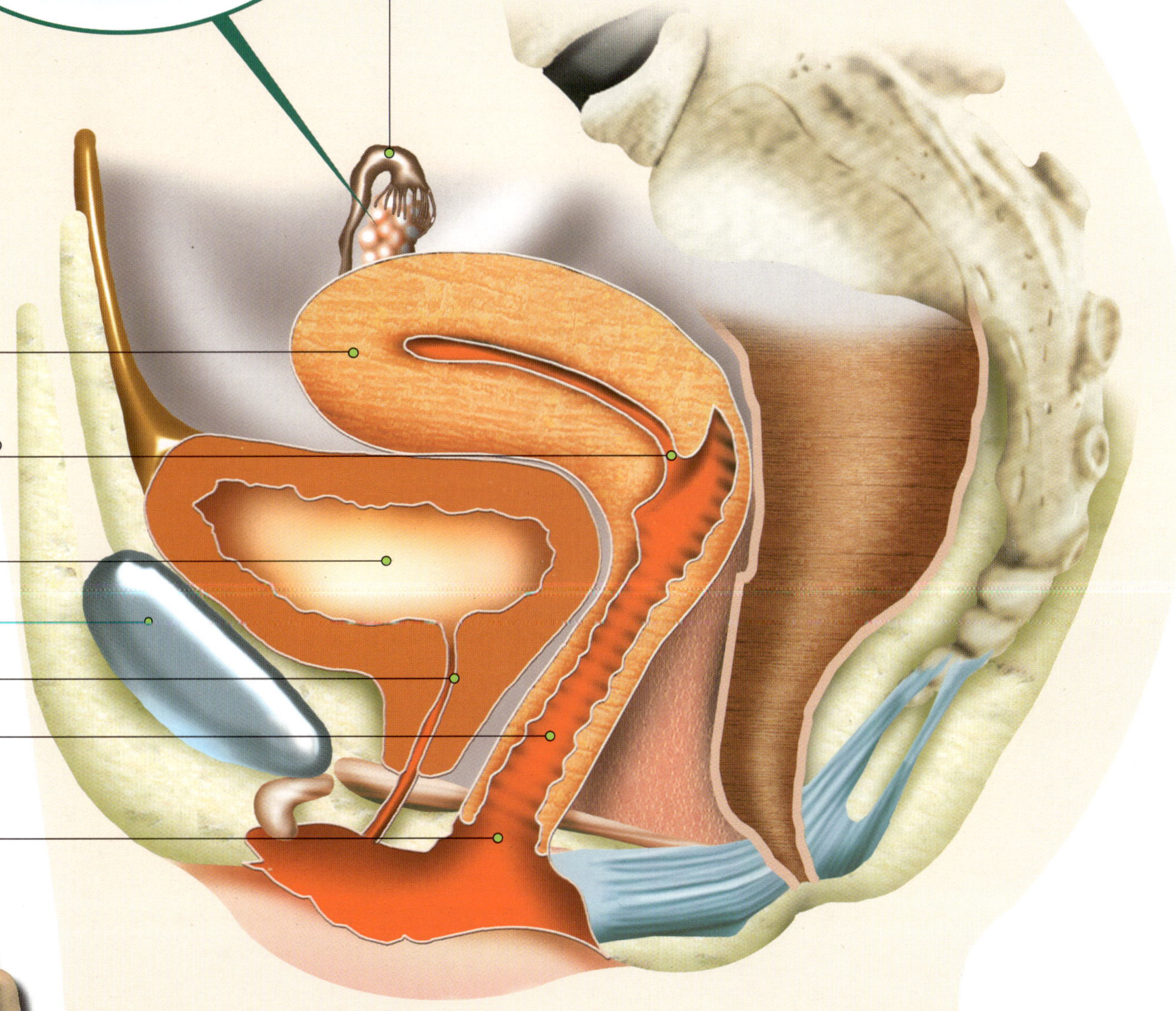

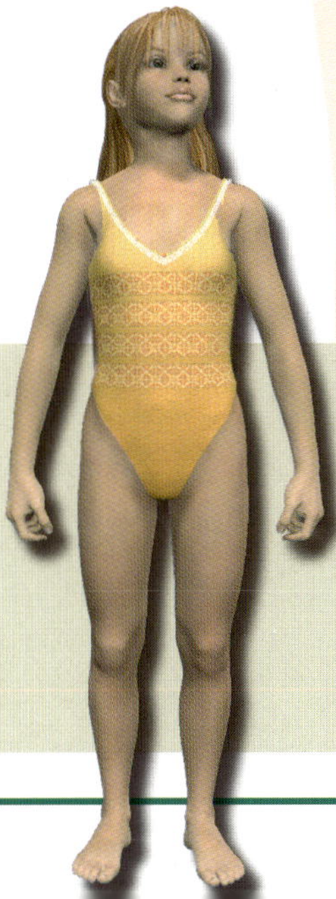

LA PUBERTAD

En las niñas se observa la aparición de vello, y el desarrollo de los senos y de los órganos genitales. El tamaño de los ovarios aumenta considerablemente y se presenta la primera menstruación. Esto puede suceder entre los 8 y los 16 años y, a partir de ese momento, ya están preparadas (físicamente) para procrear. Al igual que en los varones, la piel segrega más grasa y puede aparecer el acné.

La reproducción humana

La reproducción es la creación de un nuevo ser a partir de una gameta femenina (óvulo) y una masculina (espermatozoide). En los seres humanos, este proceso es interno, es decir que se realiza dentro del cuerpo de la madre.

LA MADUREZ SEXUAL

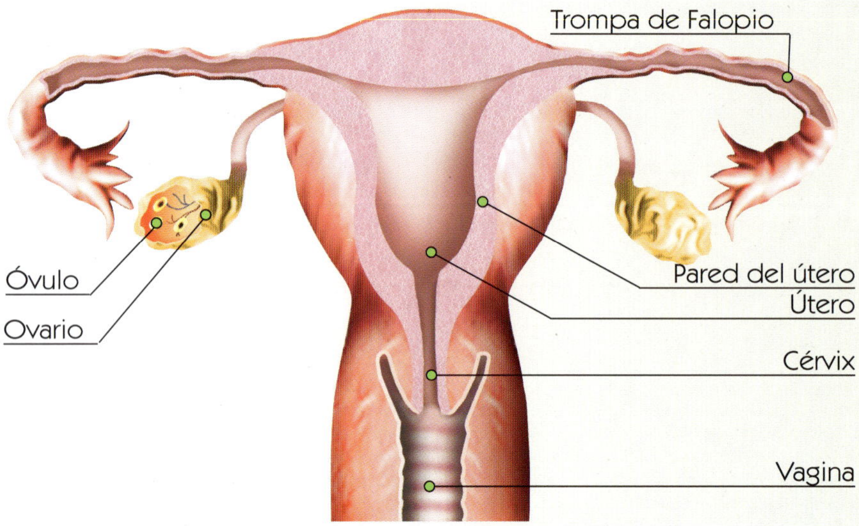

EN LAS MUJERES

Al iniciarse la pubertad (generalmente entre los 12 y 13 años), ocurre la **menarca** o primera menstruación. A partir de ese momento, el sistema reproductor femenino cumple un ciclo de 28 días llamado **ciclo menstrual**. Este ciclo culmina con la eliminación del óvulo no fecundado y parte de la mucosa del útero. Paralelamente, un nuevo óvulo comienza a madurar, cumple su evolución y es transportado a la trompa de Falopio. En este momento, conocido con el nombre de **ovulación**, el óvulo está listo para ser fecundado.

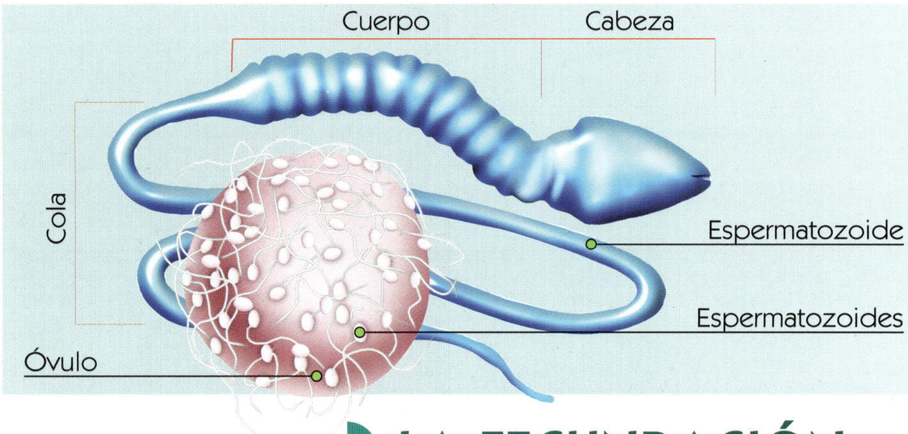

EN LOS HOMBRES

Durante la pubertad (13 o 14 años), el sistema reproductor masculino comienza a originar las gametas masculinas, denominadas **espermatozoides**. Estos constan de una cabeza, un cuerpo y una cola. La cabeza contiene la información genética que, en caso de producirse la fecundación, aportará los datos del padre de la nueva vida.

LA FECUNDACIÓN

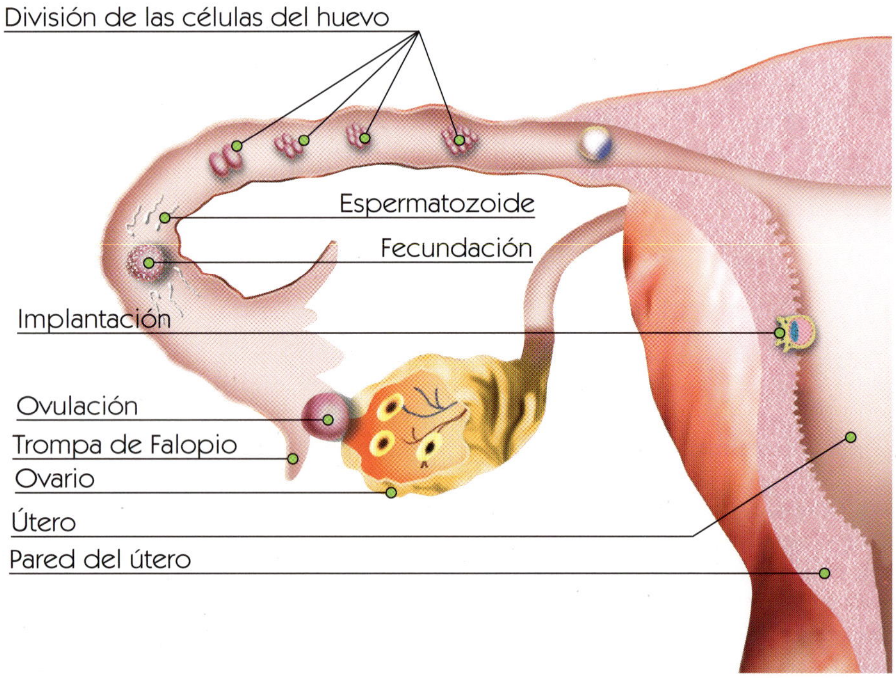

Es la unión de un óvulo (gameta sexual femenina) con un espermatozoide (gameta sexual masculina). Para que un óvulo pueda ser fecundado, es necesario que el pene penetre en la vagina de la mujer y deposite allí los espermatozoides. La liberación del semen (que contiene los espermatozoides) se llama **eyaculación**, y tiene lugar durante el acto sexual. Una vez que el semen fue depositado, los espermatozoides inician el recorrido por el interior de la vagina, atraviesan el útero y llegan a las trompas de Falopio. El cuello uterino está provisto de un tapón mucoso, que se reblandece para ceder el paso a los espermatozoides solo en el momento en que el óvulo es expulsado por el ovario (**ovulación**). A partir de este momento, la membrana del óvulo se cierra e impide el paso de otros espermatozoides.

Al aparato reproductor femenino ingresan alrededor de 250 millones de espermatozoides, pero apenas unos pocos consiguen llegar al óvulo, y solo uno logra fecundarlo.

LA GESTACIÓN

Se denomina **gestación** o **embarazo** al período en que una nueva vida se desarrolla dentro del cuerpo materno. Comprende la etapa que transcurre desde la fecundación hasta el nacimiento del nuevo ser. En los seres humanos, el período de gestación dura aproximadamente 266 días, es decir, 9 meses. El huevo fecundado se llama **embrión** hasta el tercer mes de vida intrauterina, y a partir de ese momento se denomina **feto**. Una vez fecundado el óvulo, ayudado por los movimientos de las trompas de Falopio, continúa su marcha hacia el útero. Aproximadamente 36 horas después de producida la fecundación, el huevo o **cigoto** se divide varias veces: primero en **mórula**, luego en **blástula** y finalmente en **gástrula**. A las dos semanas se produce la **implantación**, y el embrión queda insertado en la capa compacta del endometrio.

ETAPAS DE LA GESTACIÓN

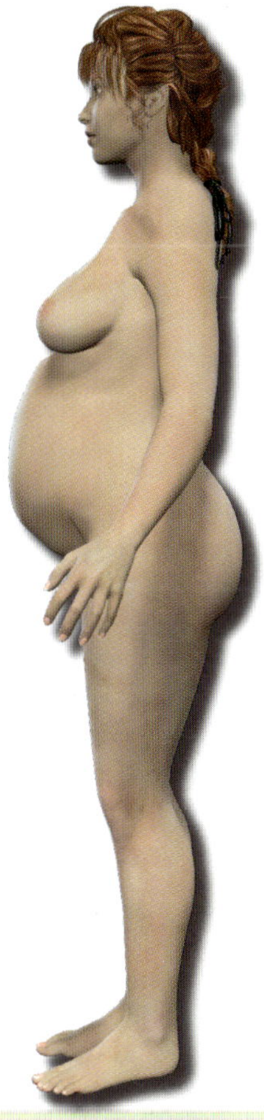

PRIMER MES

El embrión mide alrededor de 5 mm; con una región cefálica grande y cola. Se aprecia el corazón –que late 60 veces por minuto–, el hígado, el sistema nervioso y los ojos.

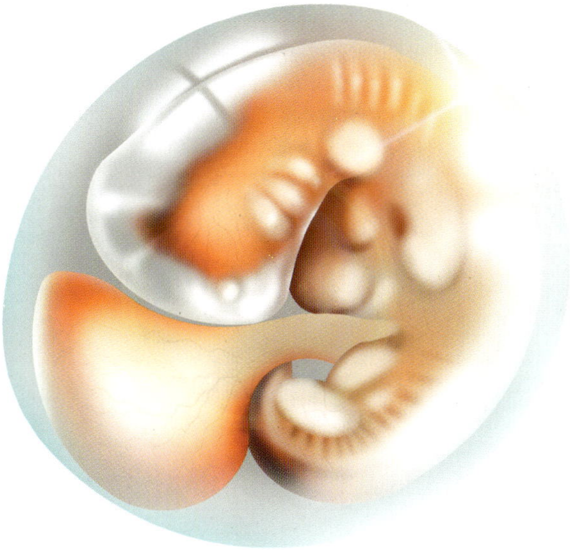

SEGUNDO MES

Mide 2,5 cm de largo y sus miembros ya han crecido bastante. La cabeza se diferencia perfectamente, pero persiste la cola. Empiezan a osificarse los primeros huesos. Aparecen todos los órganos internos y se va formando la cara.

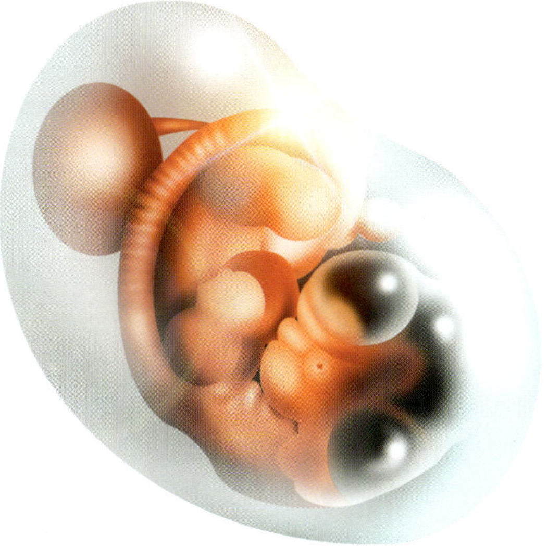

TERCER MES

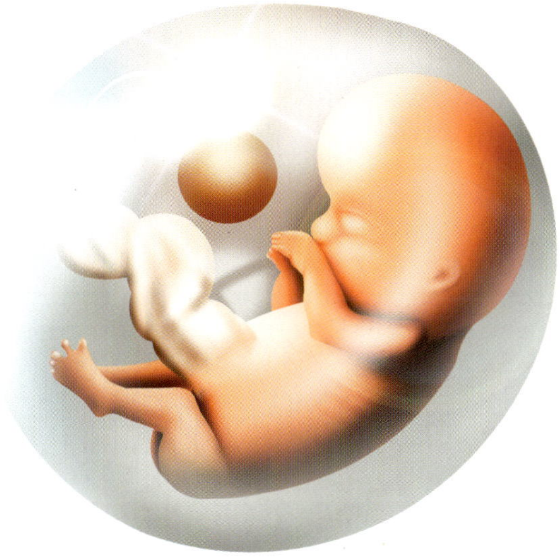

El embrión se transforma en feto, mide 7,5 cm de longitud y tiene la cabeza mucho más grande que el resto del cuerpo. Se forman las uñas y los ojos, pero no los párpados. Se diferencian los órganos sexuales externos.

LA PLACENTA

Durante el embarazo, las paredes del útero se van estirando y, para proteger al embrión, desarrollan una estructura rica en vasos sanguíneos, llamada placenta. A través de esta se establece el intercambio de oxígeno y de sustancias nutritivas de la madre al embrión, y de dióxido de carbono y productos de desecho del embrión a la madre. Este intercambio se realiza por el cordón umbilical, que va de la placenta a lo que será el ombligo del nuevo ser.

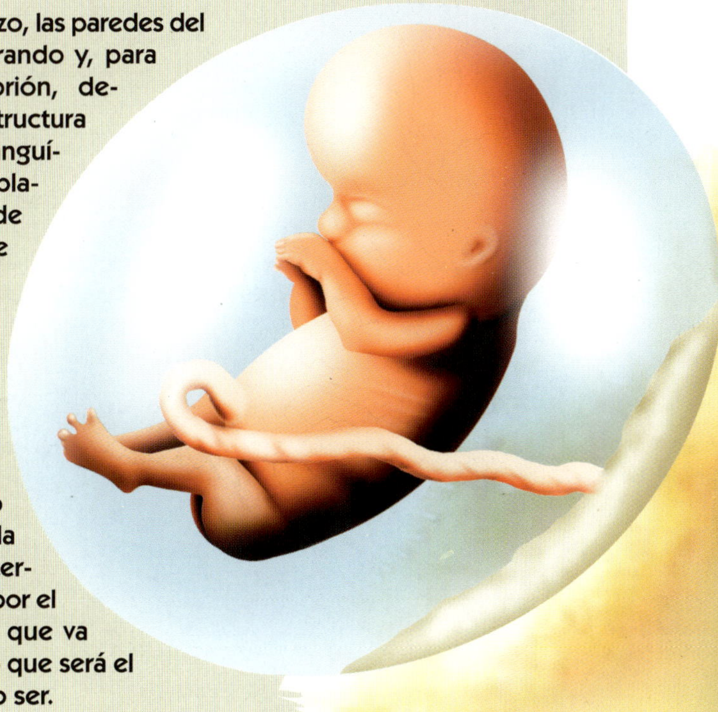

Durante el embarazo la mujer puede realizar ejercicio liviano, siempre acorde a cada etapa de la gestación y evitando los momentos de mayor calor. En general se recomiendan actividades de bajo impacto, como caminatas, yoga, natación y bicicleta fija.

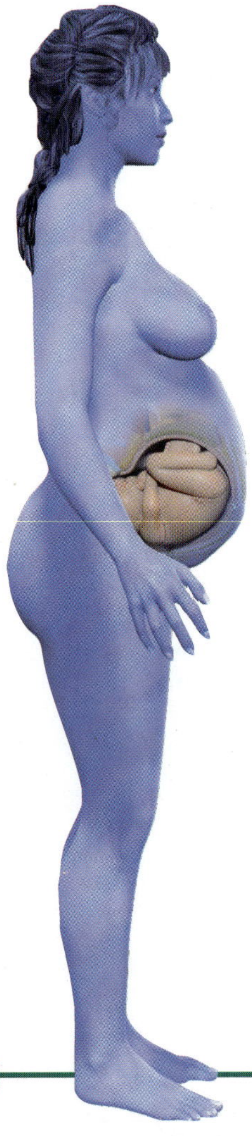

CUARTO MES

Los músculos ya se contraen y la madre comienza a sentir los movimientos del feto, el cual ocupa prácticamente toda la cavidad uterina y, al aumentar de tamaño, empuja la cavidad abdominal hacia delante. El feto mide de 16 a 21 cm y pesa cerca de 250 g.

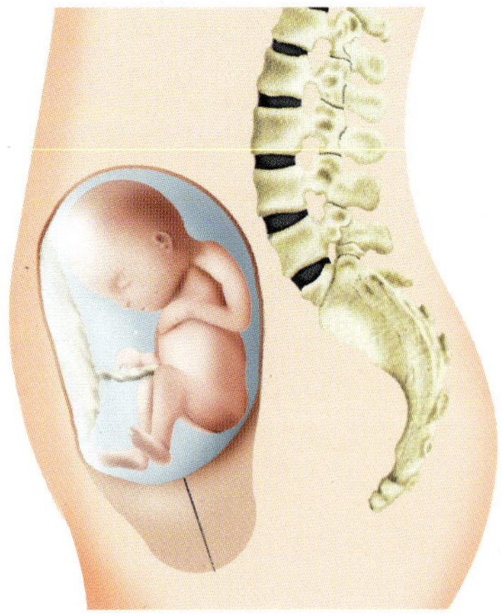

QUINTO MES

Mide aproximadamente 25 cm y pesa unos 500 g. Aparece un vello suave sobre la cabeza del feto, y se chupa el dedo. Flota en libertad en **líquido anmiótico**, que lo protege de golpes y choques, así como de los cambios de temperatura. Puede ingerir, digerir, orinar y segregar hormonas.

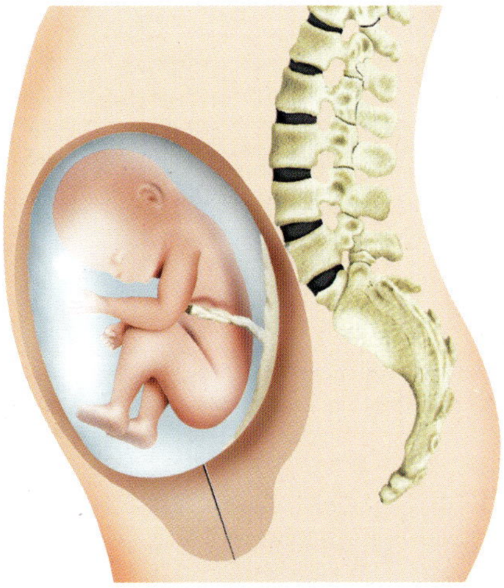

SEXTO MES

Se forman las cejas y las pestañas. En el varón, el escroto está bien formado, pero no contiene los testículos, que solo descienden en el noveno mes. Tiene períodos de sueño y de vigilia. El feto alcanza los 33 cm de largo y los 1000 g de peso.

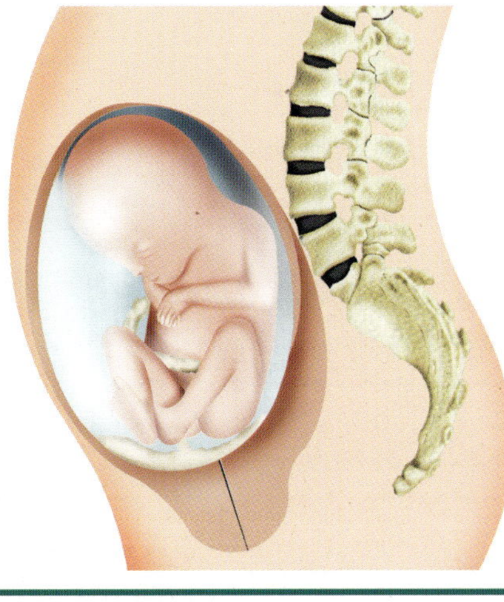

SÉPTIMO MES

Mide alrededor de 40 cm y pesa cerca de 1300 g. A partir de este mes, la madre le transmite anticuerpos que protegerán al recién nacido de los agentes infecciosos durante los seis primeros meses de vida. Los nervios, ya desarrollados, permiten que el feto responda a ruidos externos.

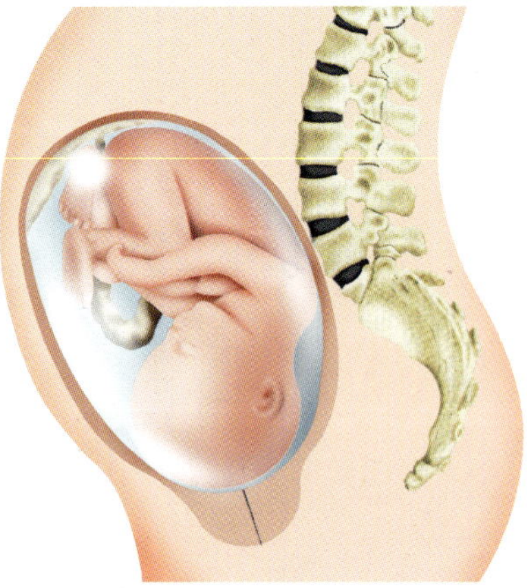

OCTAVO MES

Se comienza a depositar grasa subcutánea en el cuerpo del feto y la piel se hace más suave, porque aparece el **unto sebáceo** que la cubre. El cuerpo pierde la pelusa llamada **lanugo**, y mide 45 cm de longitud y pesa aproximadamente 2500 g.

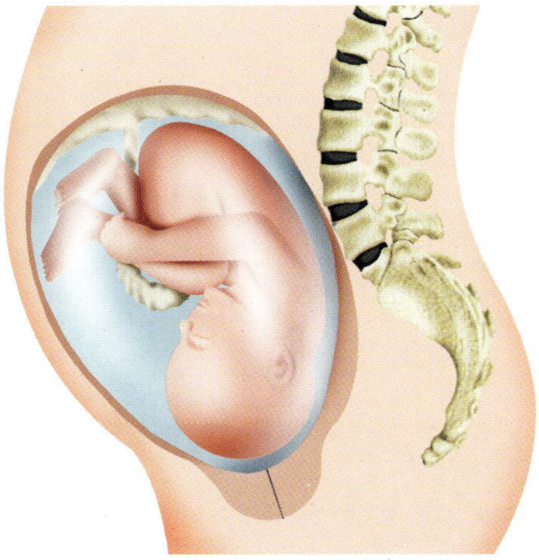

NOVENO MES

El feto mide alrededor de 50 cm y pesa aproximadamente 3500 g. Las arrugas se suavizan por el depósito de grasa y la piel palidece. El feto está listo para nacer; se ubica normalmente con la cabeza hacia abajo, y desciende a la cavidad pélvica, donde presiona sobre la vejiga y hace que aumenten las contracciones uterinas.

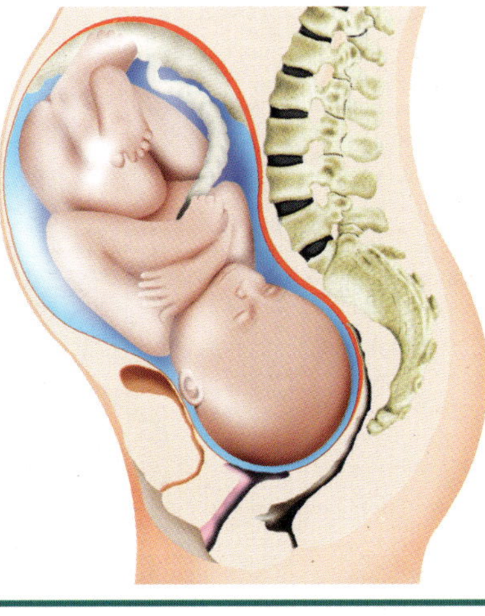

EL PARTO

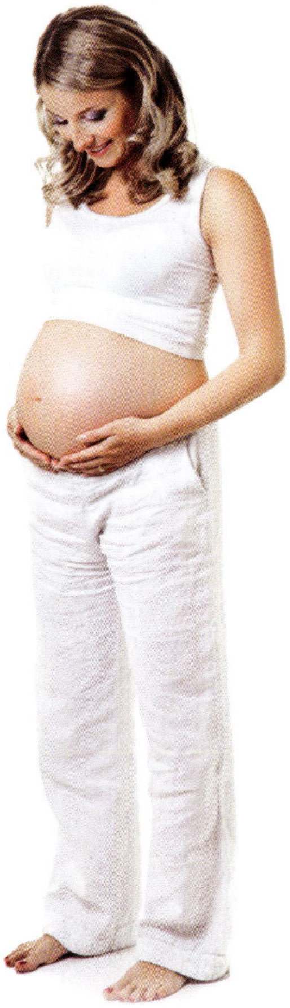

Llegados los nueve meses de embarazo, el bebé está en condiciones de nacer; las contracciones se hacen más intensas y continuas, y esto indica que el momento del parto ha llegado. Una vez producido el nacimiento, la madre se encargará de alimentarlo con leche segregada por las glándulas mamarias.

SECUENCIA DEL PARTO

PÉRDIDA DEL TAPÓN MUCOSO

Durante el embarazo, el cuello del útero está sellado por una sustancia transparente y viscosa, con el objeto de evitar infecciones. Al comenzar el trabajo de parto, el cuello comienza a dilatarse y el tapón cae.

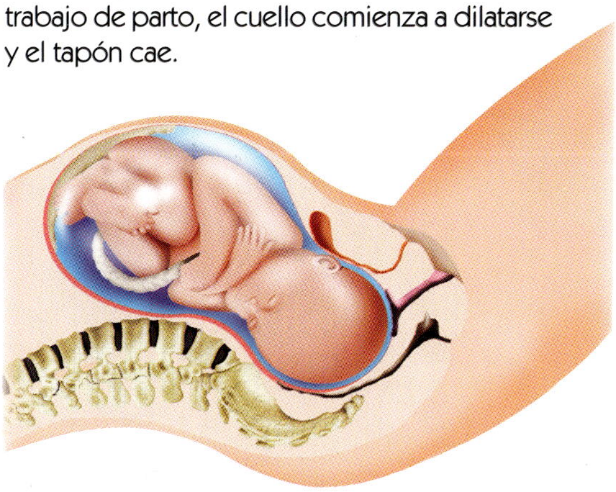

Posición del feto dentro del vientre materno, antes de comenzar la primera fase del parto.

RUPTURA DE LA BOLSA AMNIÓTICA

Esto ocurre cuando el cuello del útero está totalmente dilatado. El saco amniótico que envuelve al feto se rompe y el líquido amniótico sale al exterior.

CONTRACCIONES RÍTMICAS

Durante el último trimestre de embarazo se producen contracciones indoloras, sin periodicidad ni regularidad en el tiempo; pero a medida que comienza el trabajo de parto, ocurren más seguido, son más intensas y adquieren regularidad.

LA DILATACIÓN

Las contracciones, que eran débiles y espaciadas, ahora son seguidas (cada 5 minutos) y prolongadas. Gracias a ellas, aumenta el calibre del cuello del útero y de la vagina, y se forma el canal de parto. Esta fase puede durar de 2 a 20 horas y, hacia el final, si no ocurrió anteriormente, se produce la llamada "rotura de bolsa" o "rotura de aguas".

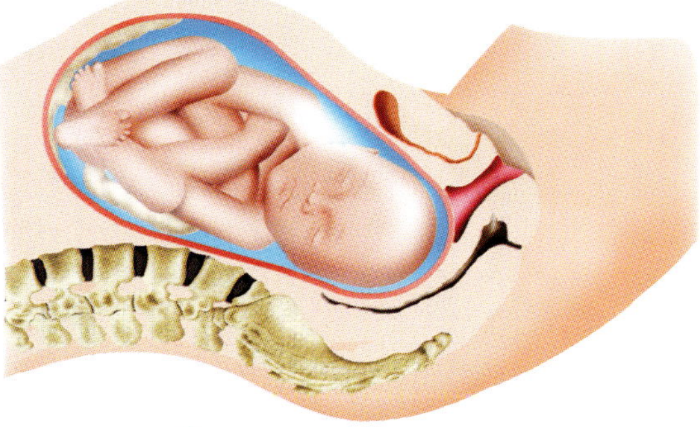

LA EXPULSIÓN O NACIMIENTO

Durante esta fase, la madre debe "pujar" para ayudar al feto a salir al exterior. En un parto normal, primero aparece la cabeza, que se gira, entonces, para facilitar el paso de los hombros. El resto del cuerpo sigue sin dificultad. Si el bebé es de gran tamaño o demasiado grande para las proporciones de la madre, se realiza una pequeña incisión en el perineo vaginal (llamada **episiotomía**) para ensanchar el canal de parto. Una vez que ha nacido, se coloca al niño cabeza abajo, para que pueda evacuar el líquido contenido en sus pulmones; en ese momento, luego de unos pequeños golpecitos, da su primer grito. Luego, se ata y se corta el cordón umbilical.

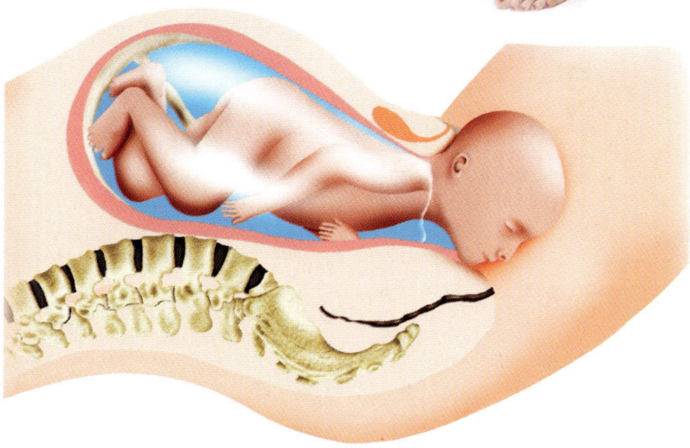

EL ALUMBRAMIENTO

Esta fase consiste en la expulsión de la placenta mediante suaves contracciones. La placenta es atentamente examinada, para comprobar si ha quedado algún resto de ella adentro del útero.

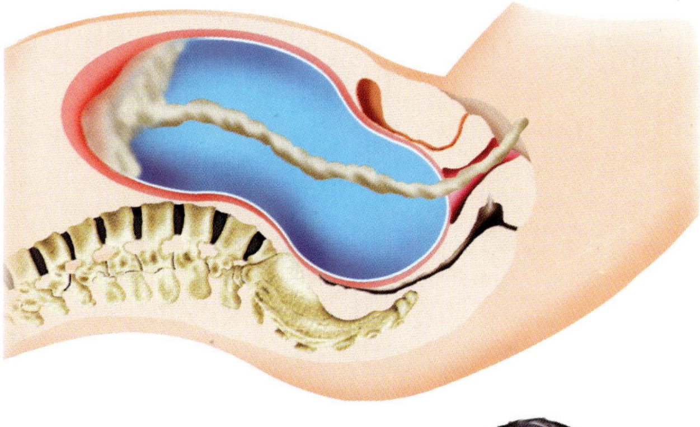

AMAMANTAMIENTO

Al nacer, y durante los primeros seis meses de vida, es recomendable que el bebé se alimente exclusivamente de leche materna.

MECANISMO DE PRODUCCIÓN DE LA LECHE

Cuando el bebé succiona se envía un mensaje al cerebro de la madre. El mensaje estimula la liberación de dos hormonas: la prolactina, que estimula la producción de leche, y la oxitocina, que favorece su salida.

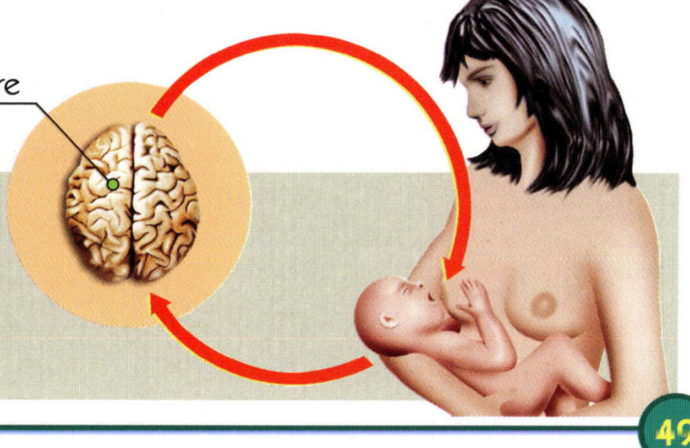

Los sentidos

Los sentidos son los que ponen en contacto a los seres humanos con el mundo exterior. A través de ellos se adquieren conocimientos de las propiedades físicas de los cuerpos y de las condiciones del medio circundante. Son cinco: tacto, gusto, oído, vista y olfato, y se encuentran en la superficie del organismo, en los diferentes órganos de los sentidos. Estos son los encargados de captar las impresiones, que son transmitidas al cerebro, el cual las percibe y las convierte en sensaciones. Cada sentido tiene su "receptor" en una región diferenciada del cerebro.

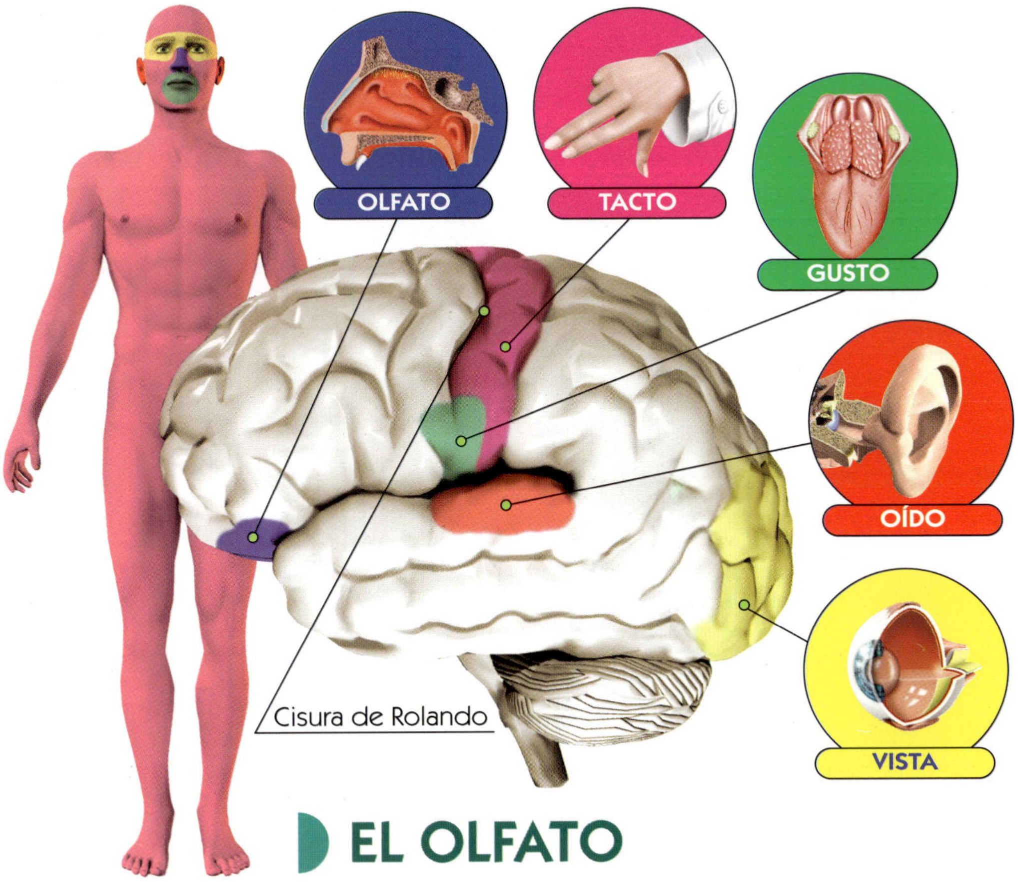

EL OLFATO

Es un sentido "químico", es decir que la percepción de los olores se da cuando una partícula gaseosa se disuelve en la **mucosa nasal**. Cuando esto ocurre, se produce la sensación que, llevada a los centros cerebrales correspondientes, será registrada y decodificada.

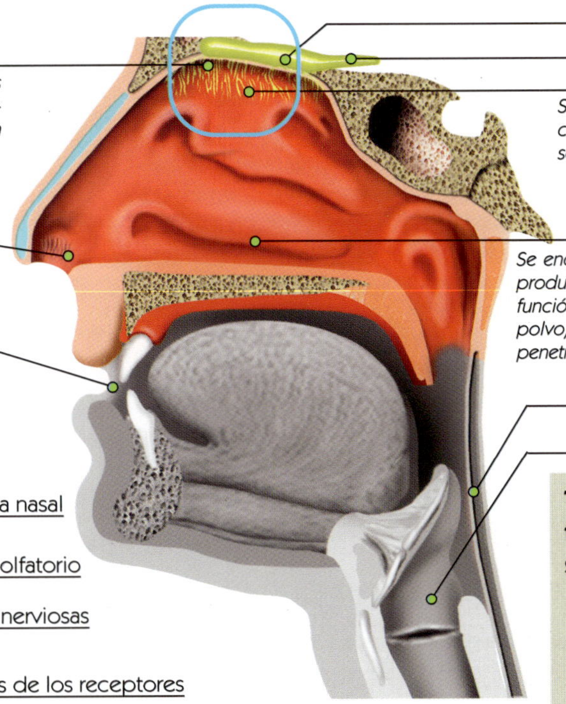

Receptores olfatorios

Son los encargados de detectar los olores. La nariz posee unos 20 millones de ellos; cada uno termina en una pequeña estructura: los cilios. Estos recogen los estímulos olorosos y envían un mensaje (impulso nervioso) al cerebro.

Cilios olfatorios

Se encargan de recoger los olores para que el receptor los envíe al encéfalo en forma de impulsos nerviosos.

Cavidad nasal

Se encuentra revestida por una pared mucosa que produce el moco (sustancia viscosa). Este tiene por función mantener húmeda la cavidad nasal y atrapar polvo, suciedad y partículas nocivas para que no penetren en los pulmones.

BULBO OLFATORIO

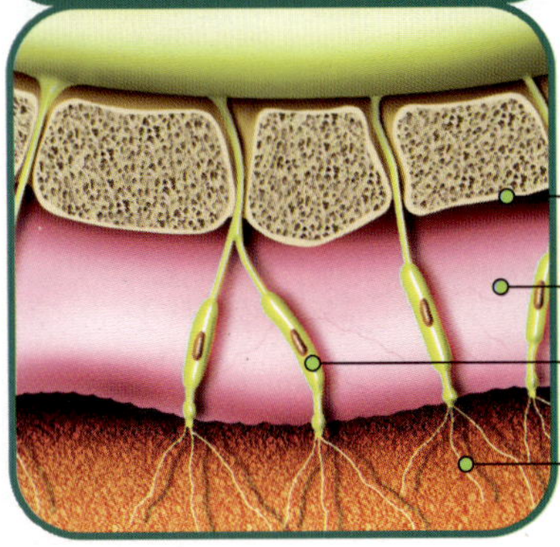

Todas las fragancias están constituidas por la combinación de siete aromas primarios:

alcanforado - almizclado floral - mentolado - éter picante - pútrido.

EL GUSTO

Al igual que el olfato, el gusto es un sentido "químico", es decir que, para que los sabores sean percibidos, es necesario que una partícula sólida se disuelva en la saliva. El órgano principal de este sentido es la **lengua**.

El gusto está vinculado con el sentido del olfato a tal punto que la capacidad de sentir el gusto de los alimentos puede verse alterada por el estado de las vías respiratorias.

LA LENGUA

La lengua es un órgano musculoso, de forma cónica, situado en la cavidad bucal. Su superficie está cubierta de **papilas**. Además de su función gustativa participa en la deglución y en la articulación de las palabras.

LAS PAPILAS

Son pequeñas protuberancias que recubren toda la superficie de la lengua. En su interior se encuentran los **botones** o **corpúsculos gustativos**, formados por dos clases de células: las epiteliales, que cumplen una función de sostén; y las sensoriales o **gustativas**, que son alargadas y terminan en una prolongación semejante a un pelo, que sale por el poro gustativo. Hay aproximadamente unos 10 000 corpúsculos gustativos. Se los agrupa en cuatro categorías, según el sabor que detectan: dulce, salado, ácido y amargo. Tradicionalmente se consideraba que los distintos sabores se percibían en partes diferentes de la lengua, pero estudios recientes parecen indicar que en toda la lengua se pueden percibir todos los gustos, aunque con diferencias de intensidad.

TIPOS DE PAPILAS

Existen cinco tipos de papilas gustativas, que se diferencian por sus formas y por su ubicación en la lengua. Los cinco tipos son: **caliciformes**, **fungiformes**, **foliaceas**, **filiformes** y **hemisféricas**.

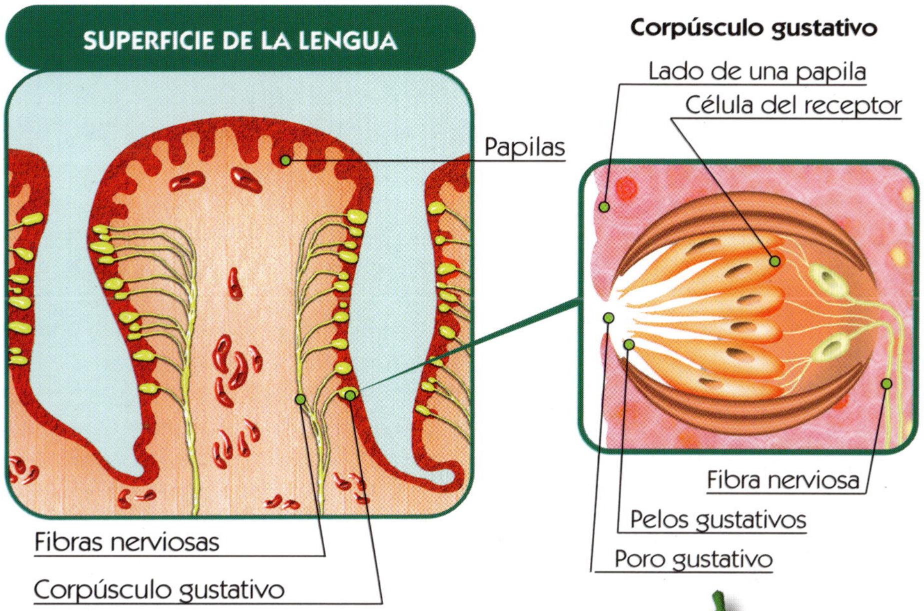

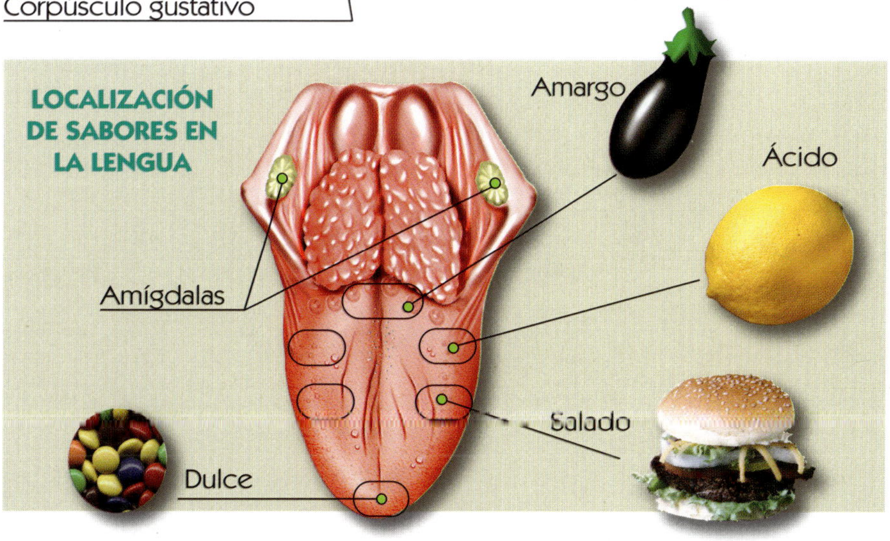

1 Papilas caliciformes

Son las de mayor tamaño. Forman la V lingual, ubicada en la parte posterior de la lengua. Alrededor de cada papila se localizan los corpúsculos gustativos, rodeados por un surco.

2 Papilas fungiformes

Tienen forma de hongo, pues poseen un pedicelo y, sobre él, una cabeza redondeada. Se distribuyen especialmente por delante de la V lingual, sobre todo cerca de los bordes y la punta.

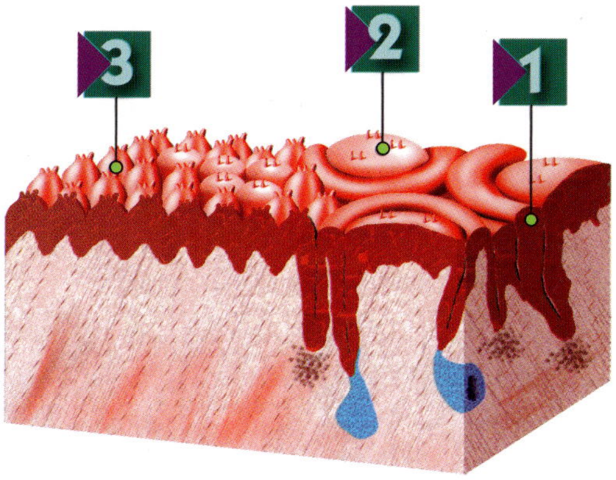

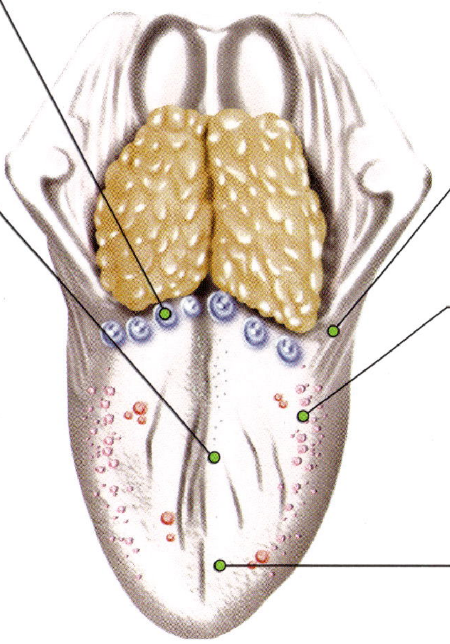

Foliáceas

Tienen forma de hojas y se disponen en los bordes posteriores.

Papilas filiformes 3

Son delgadas y están formadas por finas prolongaciones que presentan distinto aspecto, según se dispongan hacia arriba o se inclinen hacia abajo, ya sea hacia afuera o hacia adentro. Son muy numerosas y se ubican en toda la superficie lingual.

Papilas hemisféricas

Son muy pequeñas y numerosas, y cubren toda la superficie de la lengua.

EL TACTO

Las enfermedades que afectan al tacto pueden generar reacciones exageradas a todos los estímulos, o "hiperestesia", ausencia total de reacción, llamada "anestesia", o bien, limitarse solo a la percepción del dolor. El aumento de sensibilidad al dolor se llama "hiperalgesia", y la ausencia de dolor, "analgesia".

La sensibilidad es el resultado de la transmisión de los impulsos nerviosos al cerebro desde la superficie corporal, la piel (**sensibilidad superficial**); desde los músculos, las articulaciones y los órganos internos del cuerpo (**sensibilidad profunda**). El sentido del tacto reside en la piel, que recubre todas las partes externas del cuerpo.

LA PIEL

La piel es el órgano más extenso de nuestro cuerpo. Se divide en tres capas de diferente profundidad: la **epidermis**, la **dermis** y la **hipodermis**.

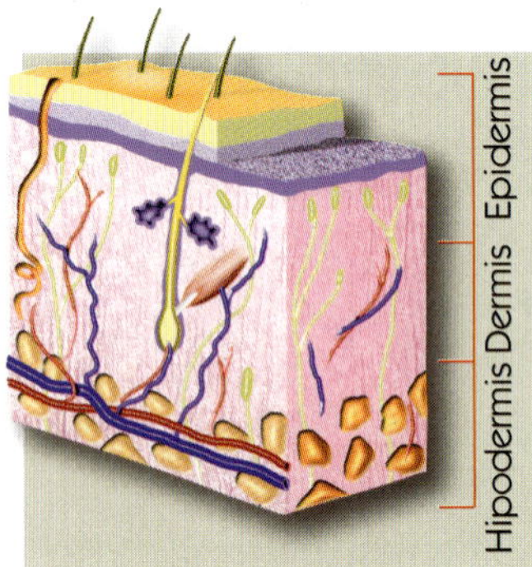

LA EPIDERMIS

Está formada por tejido epitelial, que se dispone en varios estratos de distintos tipos de células. Las células de las capas más profundas se dividen activamente, y originan las capas superiores. Como la epidermis no posee vasos sanguíneos que la irriguen, las células externas son aplanadas y muertas (pierden el núcleo), se descaman constantemente y son reemplazadas por las células adyacentes.

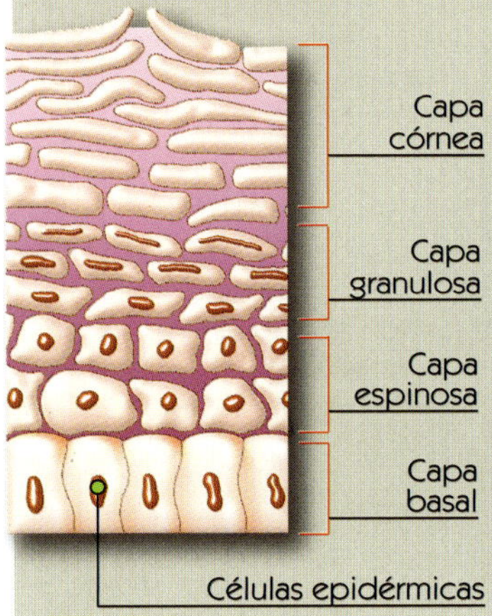

LA DERMIS

Es más gruesa que la epidermis, y está formada por tejido conectivo fibroelástico con abundantes vasos sanguíneos y linfáticos que la irrigan, y nervios que la inervan.

LA HIPODERMIS

Se encuentra debajo de la dermis, y es una capa de tejido celular subcutáneo que separa la dermis de los músculos adyacentes.

LOS RECEPTORES

Son los encargados de detectar las sensaciones desde el exterior. Existen terminaciones nerviosas y receptores llamados **corpúsculos** que perciben diferentes tipos de estímulos.

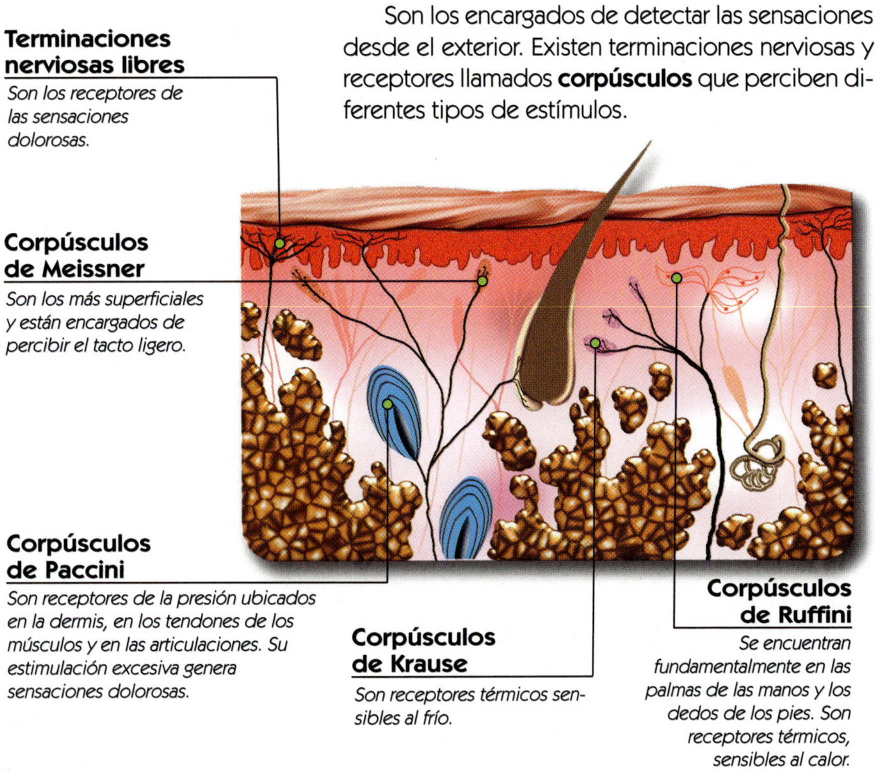

ANEXOS DE LA PIEL

EL PELO

La piel está cubierta de pelos. El que cubre la cabeza se llama **cabello**; el que cubre el resto del cuerpo recibe el nombre de **vello**. Cada pelo se origina a partir de una estructura profunda de la piel, el **folículo piloso**.

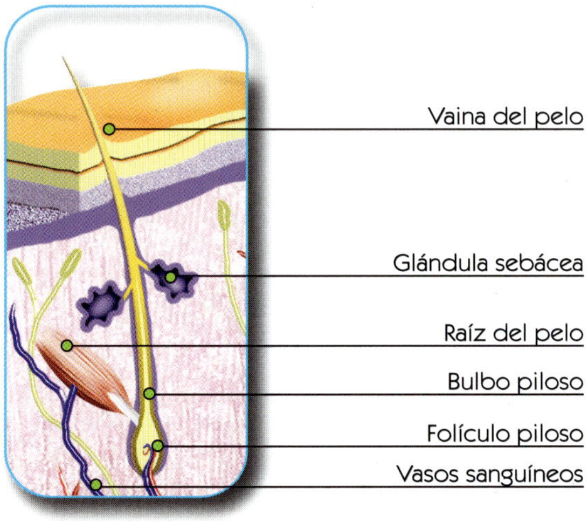

GLÁNDULAS SUDORÍPARAS

Son glándulas de secreción externa, o **exocrina**, distribuidas por casi todo el organismo; regulan la temperatura corporal, la concentración del agua y de las sales, y eliminan sustancias tóxicas.

GLÁNDULAS SEBÁCEAS

Son glándulas exocrinas, cuyo producto de secreción es una sustancia grasosa llamada **sebo**, que lubrica los pelos y la superficie de la piel, y les otorga flexibilidad. Son arracimadas y comúnmente desembocan en un folículo piloso.

LAS UÑAS

Se encargan de proteger el extremo de la cara dorsal de los dedos de las manos y de los pies. Están formadas por **queratina**.

Corte transversal del dedo índice

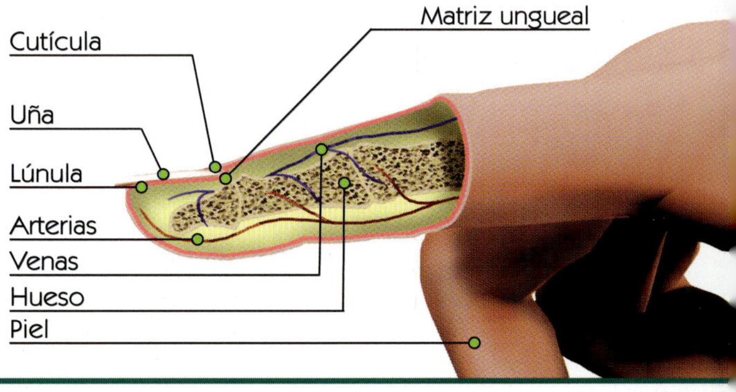

LA VISTA

Es un sentido de carácter físico, ya que responde al estímulo de la luz. La visión se realiza a través del **ojo**, órgano situado en la cavidad orbitaria de la cara.

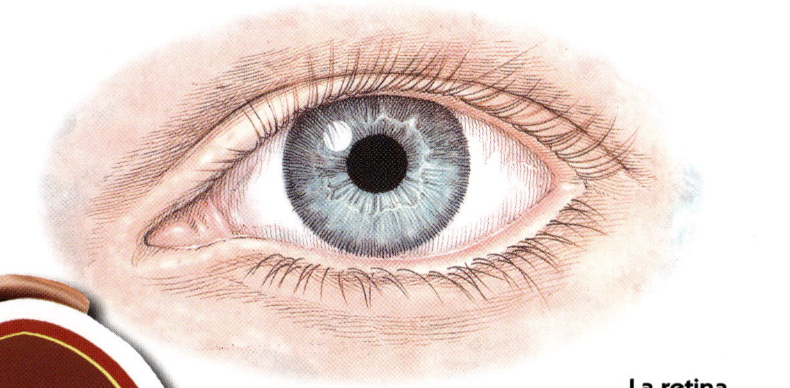

EL OJO

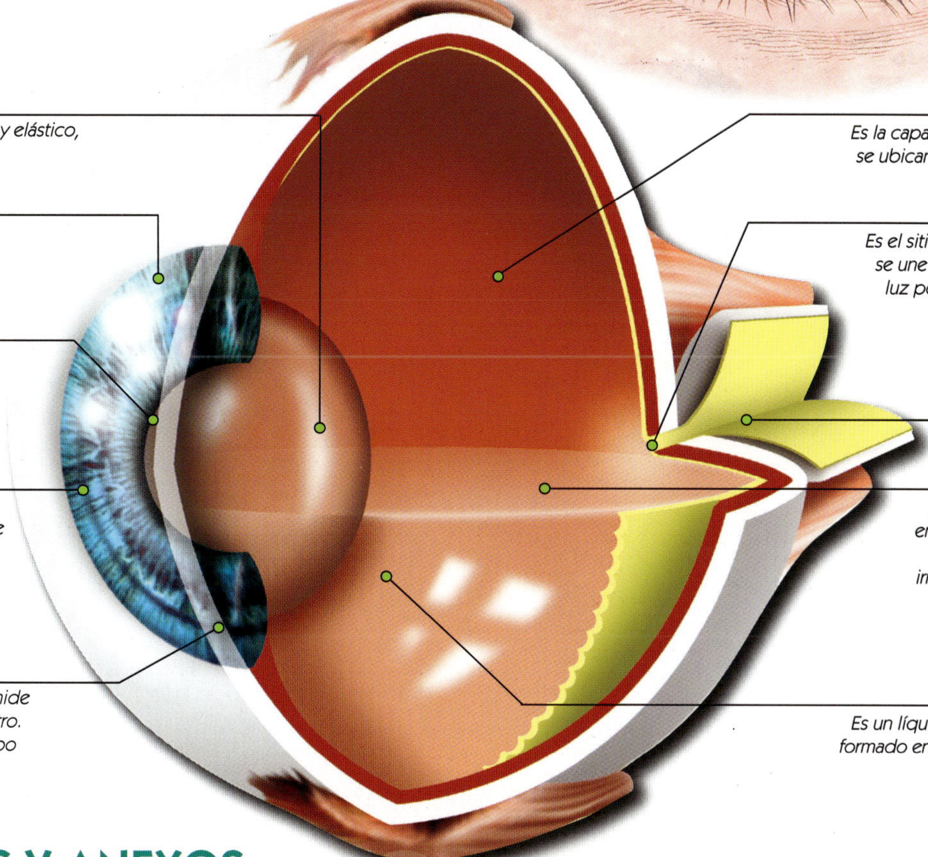

El cristalino
Es un lente biconvexo, transparente y elástico, fijado por los músculos ciliares.

La esclerótica
Es una capa de fibra de tejido conectivo, que le da dureza y protección al ojo.

La pupila
Es una abertura que se encuentra en el centro del iris y es regulada por este para permitir el paso de la luz.

El iris
Se sitúa alrededor de la pupila. Contiene un pigmento marrón, verde o azul, que le da el color a los ojos. Está rodeado por un músculo (esfínter), que regula el diámetro de la pupila.

La córnea
Es una superficie transparente que mide aproximadamente 1,5 cm de diámetro. Se ubica en la parte anterior del globo ocular y presenta forma convexa.

La retina
Es la capa más interna del ojo, donde se ubican las células fotorreceptoras.

El punto ciego
Es el sitio en el que el nervio óptico se une a la retina. Es insensible a la luz porque no posee bastones ni conos fotorreceptores.

Nervio óptico

La fóvea
Es la encargada de la visión en detalle. Está ubicada en el centro de la retina y es irrigada por gran cantidad de vasos sanguíneos.

El humor acuoso
Es un líquido incoloro y transparente, formado en su mayor parte por agua, y mantiene inflado al ojo.

MÚSCULOS Y ANEXOS

Los ojos se mueven gracias a la acción de seis músculos (cuatro rectos y dos oblicuos), que provocan los movimientos dentro de la órbita. La contracción de los músculos rectos hace girar el ojo hacia el lado correspondiente. La contracción de los oblicuos lo hacen girar hacia abajo o arriba, y hacia afuera.

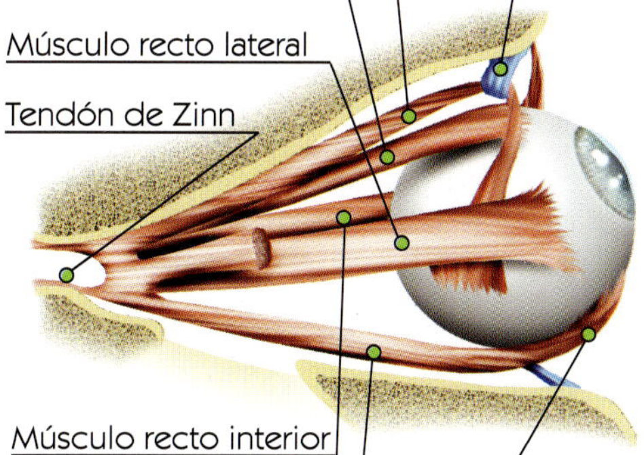

LAS CEJAS

Son dos salientes en forma de arco y recubiertas de pelo, que coinciden con el borde superior de la cavidad orbitaria. Protegen a los ojos de la transpiración que se desliza por la frente.

CÓMO SE ORIGINA LA VISIÓN

Cuando la luz reflejada en un objeto llega a la retina, estimula las células fotorreceptoras, que producen una imagen invertida y más pequeña del objeto. Esta es conducida por el nervio óptico al cerebro, que interpreta la información y nos permite tener una visión correcta del objeto.

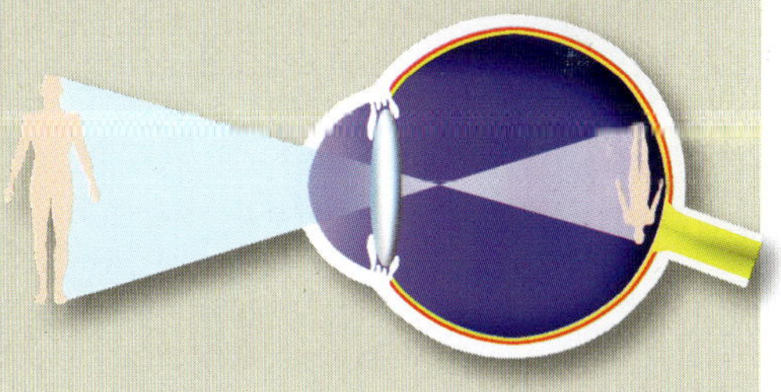

LOS PÁRPADOS

Son dos repliegues músculo-membranosos (superior e inferior), que se extienden por delante del ojo. Lo protegen de objetos externos y contra el exceso de iluminación. En los bordes libres de los párpados se encuentran las pestañas, que ayudan también a proteger el ojo.

LAS GLÁNDULAS LAGRIMALES

Están ubicadas en la parte superior y externa del ojo. Segregan las lágrimas, las cuales se deslizan hasta el ángulo interno del ojo, donde existe un espacio llamado **lago** o **saco lagrimal**. La función de las lágrimas es facilitar el deslizamiento de los párpados sobre el globo ocular y humedecer la parte anterior de este, que está en contacto con el aire.

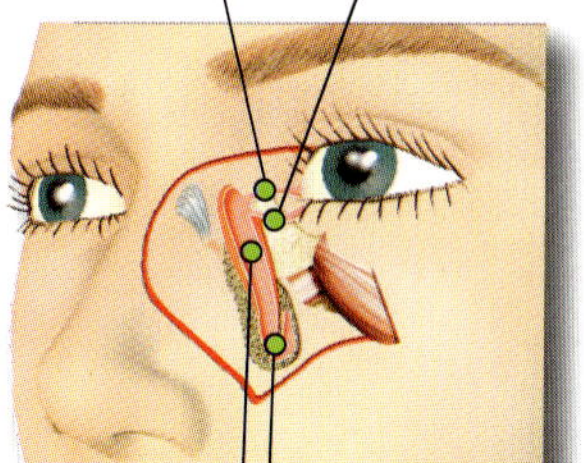

EL OÍDO

En los animales vertebrados el sentido del oído evolucionó aceleradamente con la transición del ambiente acuático al terrestre, ya que el sonido viaja más eficientemente por el aire que por el agua.

Es el encargado de percibir las ondas sonoras y transformarlas en sensaciones auditivas. Gracias a este sentido es posible la comunicación. Además permite a los seres humanos controlar el equilibrio. El órgano de este sentido es el oído, que se divide en tres secciones: **oído externo**, **oído medio** y **oído interno**.

EL OÍDO EXTERNO

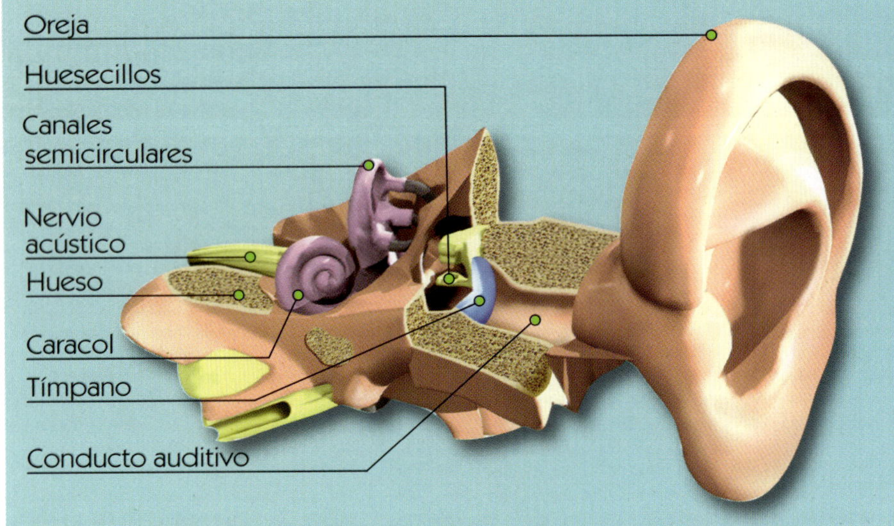

LA OREJA

También llamada pabellón auditivo, es una estructura cutáneo-cartilaginosa, encargada de localizar los sonidos.

CONDUCTO AUDITIVO EXTERNO

Mide unos 2,5 cm de longitud y está ubicado en el interior del hueso temporal, que lo protege.

EL TÍMPANO

Es una membrana delgada, que separa el oído externo del medio. Transmite las vibraciones sonoras a la cadena de huesecillos del oído medio.

EL LABERINTO ÓSEO Y EL LABERINTO MEMBRANOSO

El primero está compuesto por el vestíbulo óseo, los canales o conductos semicirculares (anterior, posterior y horizontal) y el caracol. El laberinto membranoso se encuentra dentro del laberinto óseo, y posee las mismas divisiones.

EL CARACOL

También llamado cóclea, es un conducto enrollado alrededor de un eje cónico. En su interior contiene un líquido, llamado endolinfa, que se ocupa de transmitir las vibraciones sonoras. Estas se propagan por el líquido hasta los pelos auditivos, que transforman las vibraciones en impulsos nerviosos que llegan al cerebro, donde son decodificados como sonidos.

LOS CANALES SEMICIRCULARES

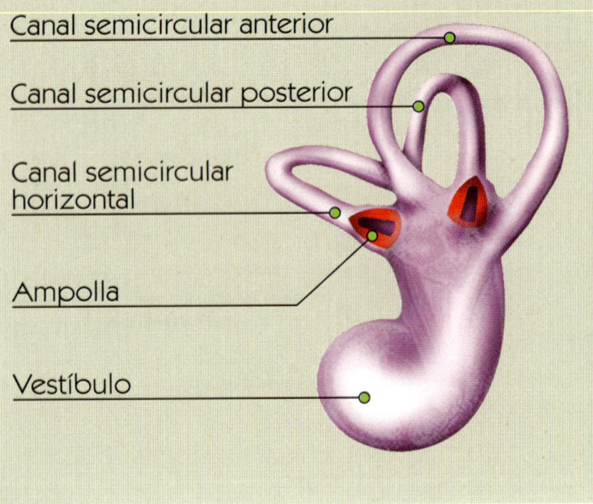

Se encargan de controlar el equilibrio del cuerpo. Son tres; dos de ellos se disponen en posición vertical, y el restante, en posición horizontal. Este último responde a los movimientos laterales; mientras que los verticales lo hacen a los movimientos hacia arriba y abajo.

EL OÍDO MEDIO

También llamado **caja timpánica**, es una cavidad que se halla en el interior del hueso temporal. Presenta tres orificios: uno externo, cerrado por el tímpano; uno interno, o **ventana oval**, que lo comunica con el oído interno, y otro inferior, correspondiente a la **trompa de Eustaquio**.

EL OÍDO INTERNO

Es una compleja estructura situada dentro del hueso temporal. La cavidad existente en el hueso se llama **laberinto óseo**, y en su interior se aloja el **laberinto membranoso**, donde se localizan los receptores del sentido del equilibrio y los receptores auditivos.

LOS HUESECILLOS DEL OÍDO

Son tres pequeños huesos situados dentro del oído medio: **martillo**, **yunque** y **estribo**. Los tres conforman un puente por el que se transmite la vibración.

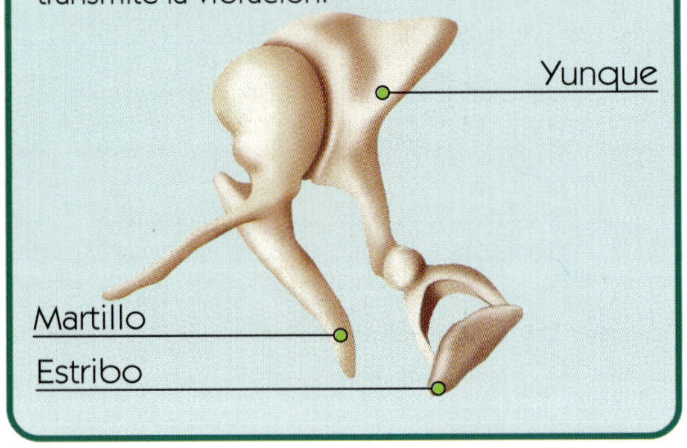

La genética

¿Qué es la herencia? ¿Qué estudia la biotecnología? ¿Qué es un clon? ¿Es posible clonar a un ser humano? ¿Podemos cambiar parte de un gen? ¿En qué consiste el proyecto Genoma Humano? En estas páginas se encuentran las respuestas a estas preguntas, muchas de ellas relacionadas con la aplicación de la tecnología en la maravillosa maquinaria de nuestro cuerpo.

LA HERENCIA BIOLÓGICA

En el núcleo de todas las células que componen nuestro cuerpo se encuentra el **ácido desoxirribonucleico (ADN)**, que contiene la información hereditaria. Al producirse la división celular (**mitosis**), el ADN se reparte en cantidades iguales entre las células hijas, y se condensa en unas "bolsitas" llamadas **cromosomas**.

En el núcleo de todas las células de los individuos de la misma especie existe siempre el mismo número de cromosomas. El ser humano tiene 46 cromosomas; estos se presentan de dos en dos, por lo tanto es un organismo **diploide**, pues presenta 23 pares de cromosomas que, en conjunto, reciben el nombre de **cariotipo**. De estos 23 pares, 22 están compuestos por cromosomas sin especializar o **antosomas**, y un par, denominado **XY**, es el de los cromosomas sexuales, que determina el sexo del individuo.

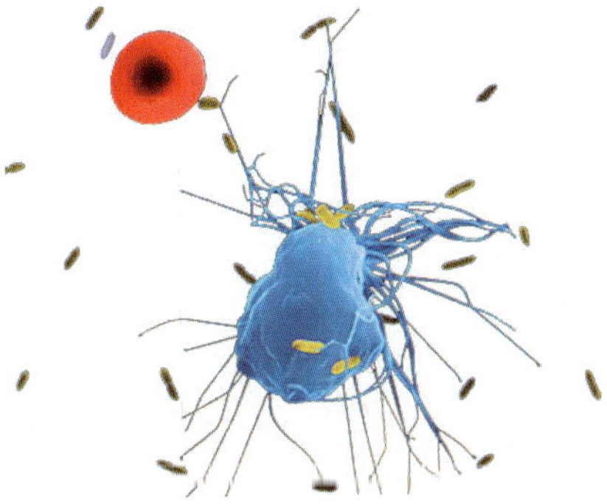

LOS GENES

Dentro de los cromosomas se encuentra un gran número de discos minúsculos, colocados unos junto a otros, llamados **genes**. Podríamos definir el gen como aquel fragmento de ADN que lleva la información necesaria para que la célula fabrique una determinada proteína. Los caracteres hereditarios son consecuencia de la existencia en la célula de una proteína concreta y no de otra; por ello los genes son las unidades de información genética.

Cada gen da la información para una parte específica del cuerpo. Algunos genes son **dominantes**, muestran sus efectos cuando están presentes en una sola dosis. Si, por ejemplo, la madre es rubia con ojos azules y el padre es moreno con ojos negros, los hijos heredarán los caracteres del padre y no de la madre, porque los ojos negros dominan sobre los azules y el pelo negro sobre el rubio.

Los **genes recesivos** son los que han de estar presentes en una dosis doble; deben heredarse del padre y de la madre para que muestren sus efectos.

GENOTIPO Y FENOTIPO

Los científicos sostienen que existen cuarenta y ocho mil genes en cada una de las billones de células que componen nuestro organismo. En conjunto, constituyen el "factor herencia" de cada individuo o la dotación genética concreta, llamada **genotipo**.

Sin embargo, a partir del mismo momento de la concepción, el genotipo se combina con los factores provenientes del medio ambiente. De ello resulta el **fenotipo**, conjunto de las características observables del individuo, como la talla y el color de los ojos.

ALTERACIONES DE ORIGEN GENÉTICO

A veces ocurren errores que dan lugar a diferentes alteraciones genéticas, derivadas de dos tipos de accidentes.

En el primer tipo de error, la estructura del ADN del gen se copia equivocadamente, y provoca una **mutación**.

Una de las alteraciones más frecuente debida a mutaciones es el **albinismo**, en la que el cuerpo es incapaz de fabricar el pigmento llamado **melanina**. Otras anormalidades son la llamada ceguera al color (**daltonismo**) y la **hemofilia**.

El otro tipo de accidente genético consiste en un error en el número de cromosomas, producido durante la división celular.

Una de las anormalidades más comunes que ocurre por esta causa es el **síndrome de Down**, donde se observa la presencia de un cromosoma más (en lugar de 46, hay 47 cromosomas).

Existe una terapia experimental, llamada "terapia genética", desarrollada para tratar o prevenir enfermedades, y que consiste en insertar genes normales para sustituir genes anormales, reparación de genes anormales y activación o desactivación gradual de genes.

LA BIOTECNOLOGÍA

Los agentes capaces de dañar el ADN son llamados "mutágenos". Entre estos se encuentran la radiación electromagnética, la luz ultravioleta y los rayos X.

Esta rama de la tecnología consiste en la manipulación de seres vivos (animales, vegetales y/o microorganismos) en sus procesos bioquímicos, para producir sustancias terapéuticas, resolver problemas ambientales o producir alimentos. Esta rama no es nueva, comenzó con la selección y la domesticación de especies vegetales y animales para hacerlas más productivas para el consumo humano. A partir del conocimiento de la estructura del ADN las viejas técnicas aplicadas cambiaron, ya que es posible conocer los genes erróneos y sustituirlos.

EL ADN

Fue descubierto por los científicos Watson y Crick. Ellos demostraron que tiene forma de hélice doble, como una escalera caracol, cuyos escalones están formados por cuatro tipos de bases, enfrentadas de a dos. Son la **guanina**, la **citosina**, la **adenina** y la **timina**.

De acuerdo con el código genético, muchas secuencias de cuatro bases determinan un modelo que servirá para armar una proteína o **enzima**.

Esto ocurre cuando, previamente la cadena de ADN se abre, y se copia una porción de un lado de la hélice o escalera caracol.

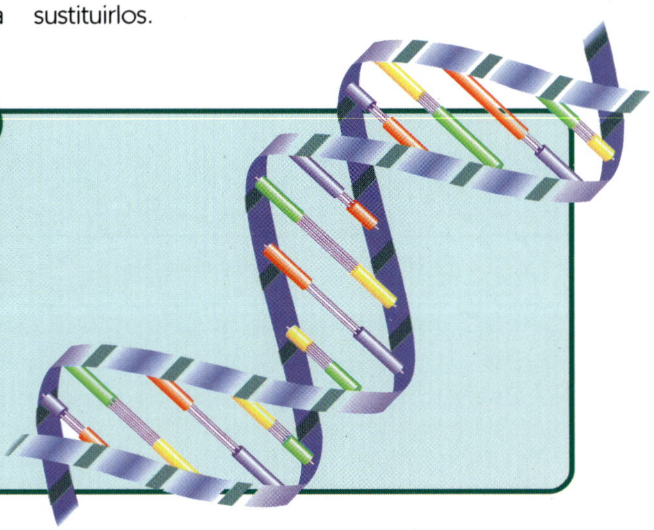

¿CÓMO SE REALIZA LA PRODUCCIÓN DE SUSTANCIAS GENÉTICAS?

1- Se identifica la parte del ADN que produce la sustancia.
2- Se extrae de la célula humana.
3- Se inserta en los genes de una bacteria.
4- Se aísla la bacteria de otros microorganismos.
5- Se nutre la bacteria para que se desarrolle y reproduzca.
6- Se aísla el ADN sano en las bacterias.
7- Se lo injerta en los genes humanos.
8- Se soluciona el problema original.

GENÉTICA E INGENIERÍA HUMANA

Las enfermedades hereditarias son transmitidas de padres a hijos, y solo tendrían cura si se lograran reemplazar los genes erróneos o defectuosos por otros correctos, en las células germinales (óvulo y espermatozoide).

Esto aún no se ha podido realizar. A pesar de ello, se han conseguido logros importantes, como la producción de proteínas. Entre otras, podemos citar la producción de insulina (que interviene en el metabolismo de los azúcares), la eritropoyetina (que interviene en la formación de la sangre), y la hormona del crecimiento.

LA CLONACIÓN

Clonar individuos permite producir descendencia con la misma información genética y, por lo tanto, seres idénticos. Para lograr esto, se han desarrollado varias técnicas; la más conocida fue la utilizada con la oveja Dolly, el primer mamífero clonado. En la página siguiente veremos en qué consistió este experimento, iniciado en 1996.

¿QUÉ ES UN CLON?

Un clon es un individuo o un conjunto de individuos que proceden de otro, y que se originaron a partir de una reproducción asexual. Es decir que todos los individuos del clon tienen la misma estructura genética que el individuo que les dio origen. El organismo que origina el clon puede ser vegetal o animal. El término clon también vale para células producidas en laboratorios a partir de una "célula madre" elegida previamente.

¿QUÉ FUE DE DOLLY?

Aunque Dolly tenía una apariencia saludable, pudo constatarse que envejecía aceleradamente y padecía artritis. Fue sacrificada el 14 de febrero de 2003. Además, es importante saber que se realizaron 277 intentos antes de que se produjera su nacimiento.

PROCESO DE CREACIÓN DE UN CLON

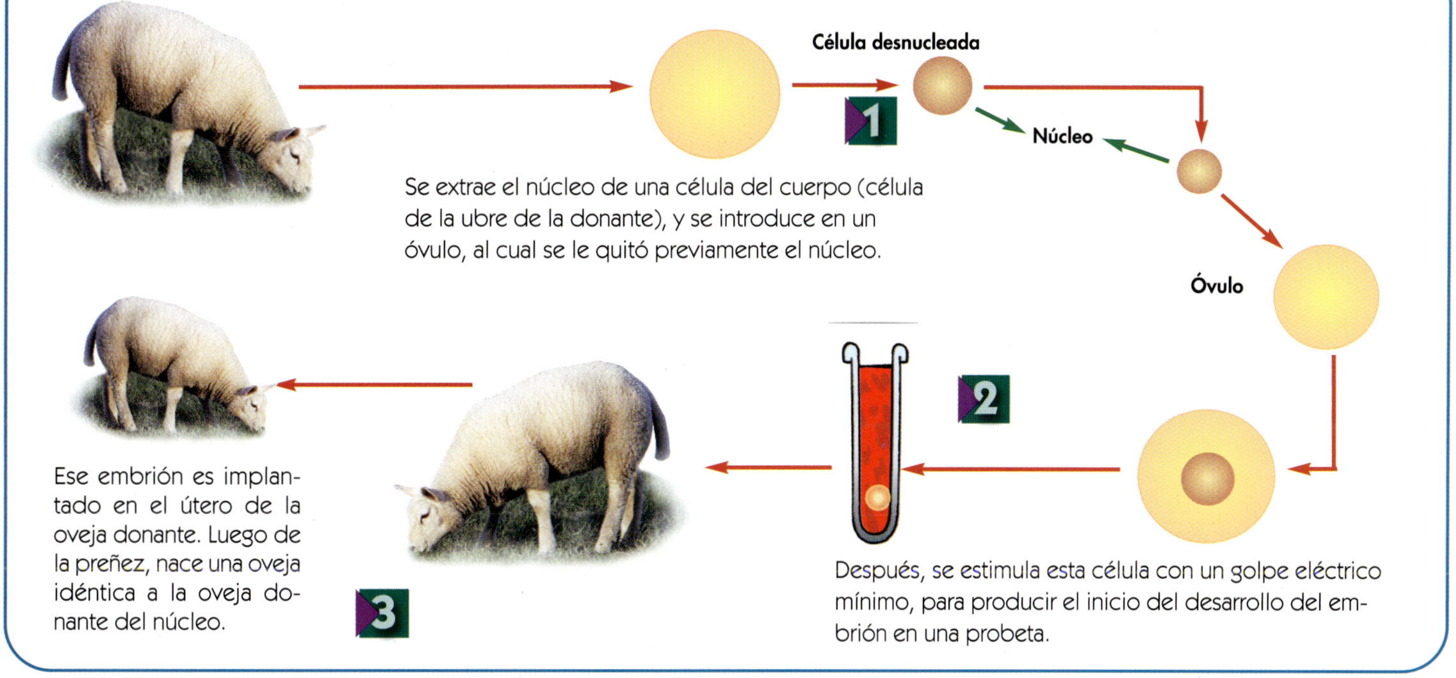

EL MAPA GENÉTICO DEL SER HUMANO

Como ya vimos, la herencia biológica es la información que describe cómo somos físicamente, y qué alteraciones o enfermedades podemos desarrollar si no tomamos los recaudos necesarios. Pero ¿en qué lugar del organismo se encuentra esta información?

En los **genes**, que son las unidades hereditarias que se encuentran en todas las células. Estos están formados por ADN y se ubican en los cromosomas. El **código genético** es la información hereditaria que se encuentra en el ADN.

EL CÓDIGO DE LA VIDA

Todas las instrucciones necesarias para crear un ser humano pueden ser escritas con la combinación de cuatro letras que representan componentes químicos llamados **bases**. El código genético completo se transcribe con esas cuatro letras químicas o bases: la **adenina** (A), que forma par con la **timina** (T), y la **citosina** (C), que forma par con la **guanina** (G). El genoma humano está compuesto por entre 2,8 y 3,5 millones de pares de bases.

Los pares de bases A-T y C-G constituyen los escalones de la espiral de ADN. Al recorrer la doble hélice de arriba hacia abajo, se puede "leer" el código de la vida.

LA SECUENCIA QUE COMPONE EL ADN

En 1977, el doctor Frederick Sanger inventó un método que sirve para descifrar la secuencia de bases que componen el ADN.

Posteriormente, el doctor Karl Muller inventó una reacción bioquímica que permite amplificar millones de veces un trozo de ADN.

Con los avances realizados en los últimos años, unidos a conocimientos anteriores y apoyados en la informática, el hombre logró descifrar o describir la secuencia de bases contenidas en el ADN humano. Esta secuencia de bases se dio en llamar "**mapa genético**".

El primer borrador del mapa genético descripto en el **Proyecto del Genoma Humano** fue presentado el 12 de febrero de 2001, en forma conjunta, por la empresa privada Celera Genomics y el Instituto Whitehead del MIT, apoyado con fondos públicos de seis países. El 14 de abril de 2003 se presentaron nuevos avances, según los cuales el mapa genético del ser humano estaba completo en un 97%. En mayo de 2006 se culminó el proyecto, con la difusión de la secuencia del último cromosoma humano.

PASOS PARA DESCIFRAR EL GENOMA HUMANO

Todas las instrucciones necesarias para crear un ser humano se encuentran en el núcleo de cada célula, ubicadas en distintas secciones del ADN. Veamos cómo se decodifica el ADN para "armar" el genoma humano.

1

LA SECUENCIA QUE COMPONE EL ADN

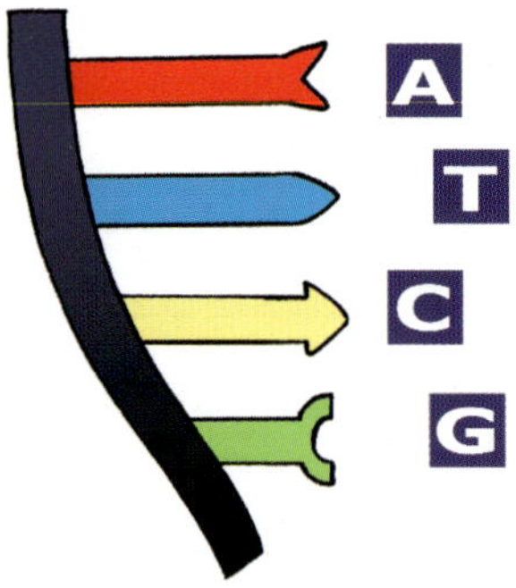

Cada molécula de ADN está formada por dos cadenas integradas por un gran número de compuestos químicos, llamados nucleótidos. La unión de estas piezas genéticas constituyen la doble hélice. Para estudiar el ADN, los científicos emplean enzimas que cortan la cadena en varias secciones, con métodos que permiten aislar cada uno de los cromosomas.

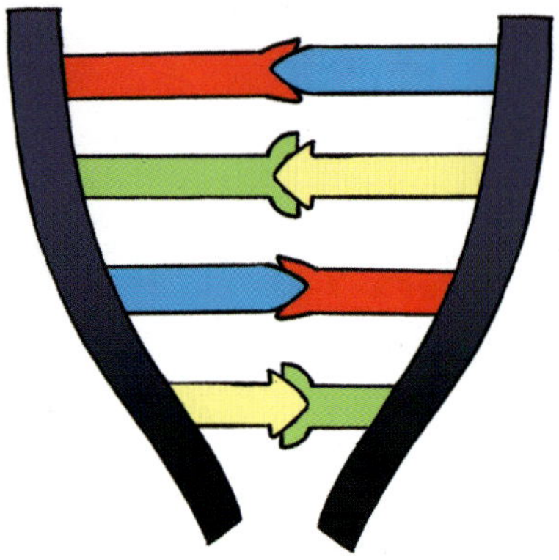

2

CLONAR

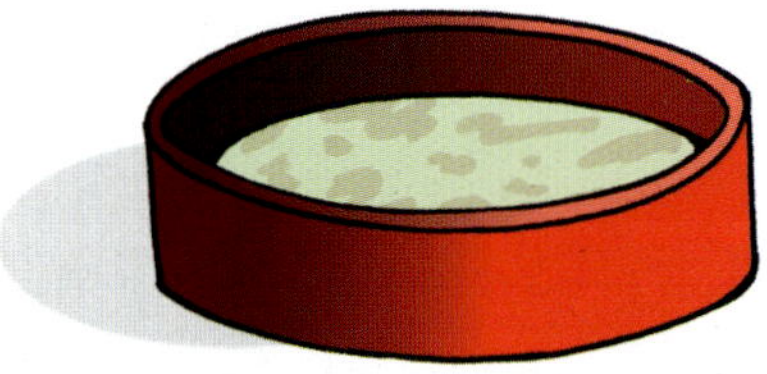

Por medio de bacterias se producen millones de copias de cada una de las secciones del ADN a estudiar.

3

CLASIFICAR

Las copias de los fragmentos de ADN son distribuidas en soluciones especiales. Cada una de estas contiene sustancias químicas que permiten reconocer en qué letra química o base nitrogenada termina cada sección.

Al identificar la última letra, se agrega una etiqueta fluorescente.

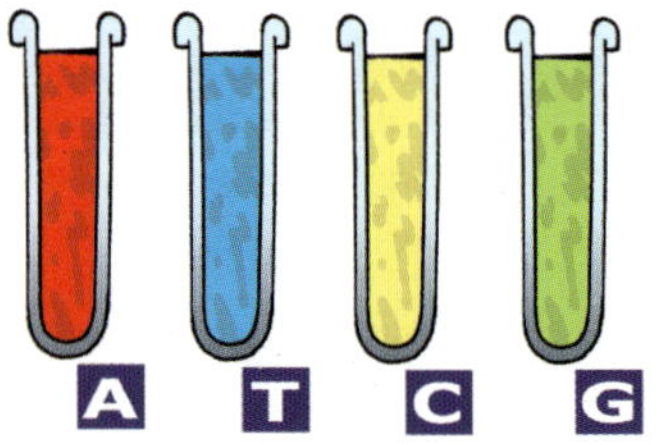

4

SELECCIONAR Y LEER

Los fragmentos de ADN clasificados se introducen en finos tubos de ensayo llenos de gel. Una carga eléctrica sumerge lentamente los fragmentos de información genética en los tubos. Las secciones pequeñas viajan más rápido que las grandes. Esto permite clasificarlas de acuerdo con su longitud.

Probablemente, todos los fragmentos estarán ordenados de acuerdo con su tamaño, y cada uno tendrá un par de bases o escalón más o menos que sus respectivos vecinos. En esta disposición, la etiqueta fluorescente que identifica el final de cada sección puede ser leída por un rayo láser, que dará como resultado la secuencia genética del fragmento original de ADN. De esta manera, la suma de todas las innumerables piezas da como resultado el genoma humano.

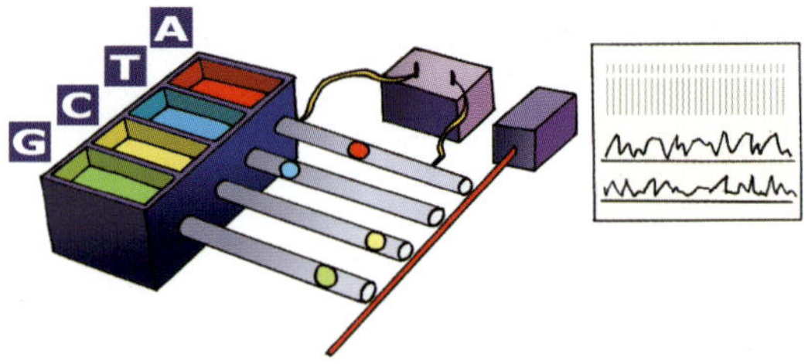

TRASTORNOS HEREDITARIOS PRODUCIDOS POR CROMOSOMAS CON GENES ANÓMALOS

1-	Cáncer de próstata
2-	Trombosis recurrente
3-	Carcinoma de células renales
4-	Carcinoma de células pulmonares
5-	Atrofia muscular espinal
6-	Epilepsia juvenil, arteriosclerosis coronaria
7-	Miopatía, fibrosis quística
8-	Crisis hemolítica y distrofia muscular
9-	Leucemia mieloide crónica y esclerosis tuberosa
10-	Atrofia de retina
11-	Albinismo y trastorno bipolar
12-	Raquitismo, mioma uterino, miopatía, enanismo
13-	Lipoma
14-	Inmunodeficiencia severa y cirrosis
15-	Retraso mental, ceguera, parálisis
16-	Cataratas, riñón poliquístico
17-	Insensibilidad a la hormona tiroidea
18-	Linfoma maligno
19-	Anemia hemolítica
20-	Diabetes insipidus
21-	Alzheimer
22-	Meningioma
23-	Ceguera nocturna, gota, cataratas y sordera

LOS BENEFICIOS

El proyecto fue un hito científico y tecnológico que cambió radicalmente la forma de investigar a los seres vivos y a las malformaciones y enfermedades que sufren, como así también el modo futuro de tratarlas. Con el mapa genético humano completo, la medicina puede conocer las alteraciones genéticas que estén asociadas a las enfermedades hereditarias, y predecirlas. A futuro, se podrán emplear medicamentos más específicos para cada enfermedad, y obtener así mejores resultados.

GLOSARIO

A continuación listamos en orden alfabético algunos de los términos técnicos o nombres más empleados en este Atlas, para que dispongas de una guía de referencia rápida y accesible. Asimismo, acompañamos algunas de las entradas de fotografías y gráficos para facilitar la comprensión.

ABSORCIÓN: en fisiología, movimiento de agua y sustancias disueltas hacia el interior de una célula, tejido u organismo.

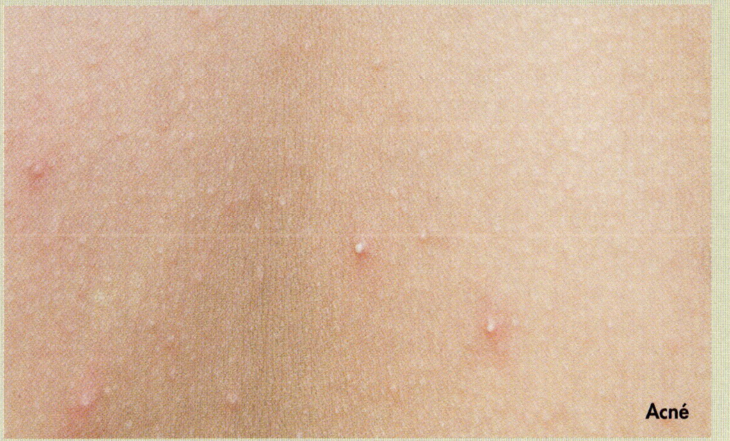

Acné

ACNÉ: afección de la piel que se caracteriza por la secreción de las glándulas sebáceas, y las alteraciones de tipo inflamatorio e infeccioso que pueden ocurrir en estas glándulas.

ADAPTACIÓN: acomodación o ajuste de un organismo a su ambiente.

ADENINA: pirimidina que forma parte de los nucleótidos y de los ácidos nucleicos.

ADRENALINA: hormona producida por la glándula suprarrenal.

AGENTE PATÓGENO: agente biológico responsable de la producción de una enfermedad.

ALCALINO: producido por sustancias que liberan hidroxiliones en el agua; su pH es superior a 7.

ALDOSTERONA: hormona producida por la corteza suprarrenal que afecta a la concentración de los iones en la sangre, estimula la reabsorción de sodio y la excreción de potasio por el riñón.

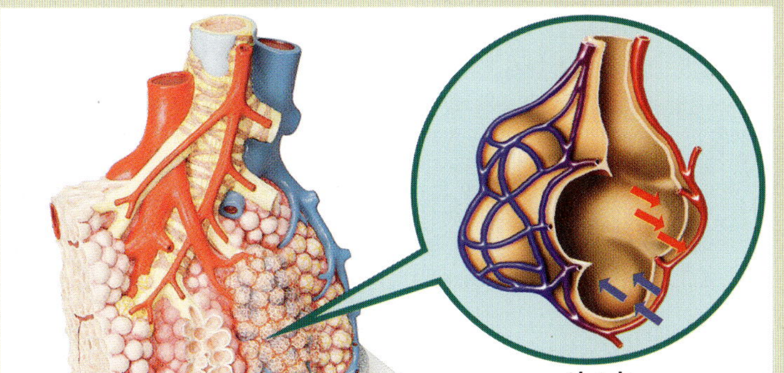

Alvéolo

ALVÉOLO: pequeña cavidad o cámara de los pulmones. El alvéolo es la unidad estructural y funcional del pulmón.

AMILASA: enzima que provoca la descomposición de los polisacáridos en unidades de hidratos de carbono más pequeñas.

AMINOÁCIDO: ácido que contiene un grupo amino, constituyente de las proteínas.

AMNIOS: membrana que rodea a un espacio ocupado por líquido, la cavidad amniótica, en la cual está el embrión durante la gestación.

ANAFASE: en la mitosis y en la meiosis, estadio en que las cromátidas o los cromosomas se separan y van a los polos opuestos.

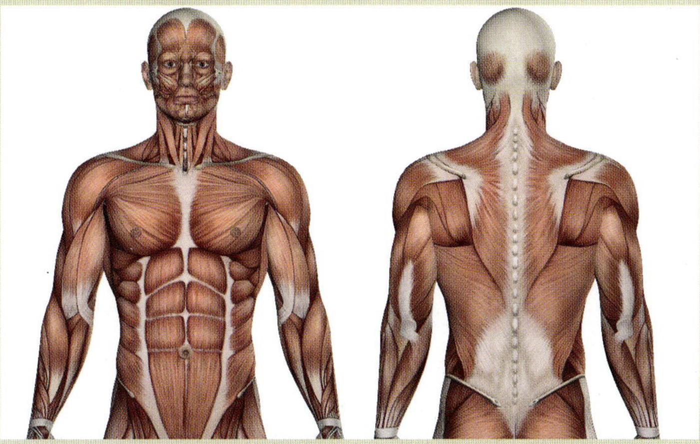

ANATOMÍA: ciencia que estudia la morfología de los seres vivos.

ANDRÓGENO: hormona perteneciente a un grupo de hormonas sexuales masculinas.

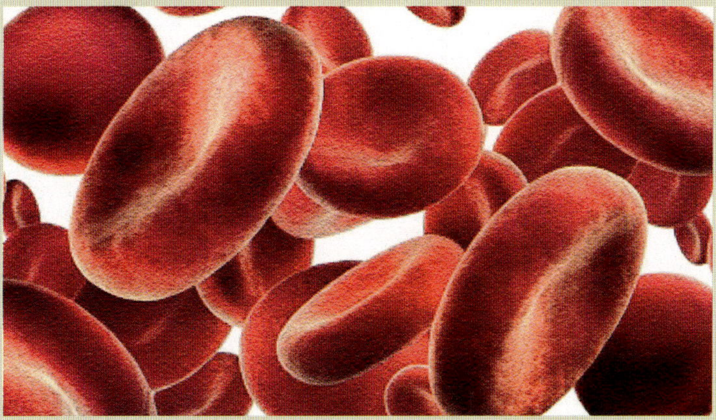

ANEMIA: reducción del número de glóbulos rojos o de la cantidad de hemoglobina de la sangre.

ANOREXIA NERVIOSA: patología alimentaria que consiste en no comer, debido a un único objetivo: ser delgado.

ANTICUERPO: sustancia que produce el organismo como reacción ante la entrada de un antígeno.

ANTÍGENO: sustancia capaz de provocar la formación de un anticuerpo.

ÁTOMO: partícula más pequeña en que puede dividirse un elemento químico. Consiste en un núcleo central con protones y neutrones, y electrones que se mueven en torno al núcleo.

Átomo

AURÍCULA: cámara cardíaca de fina pared que recibe la sangre y la pasa a un ventrículo.

AUTÓNOMO: autocontrolado, que no depende de influencias externas.

AXÓN: prolongación de una célula nerviosa, que conduce los impulsos fuera del cuerpo celular, es decir, con dirección centrífuga.

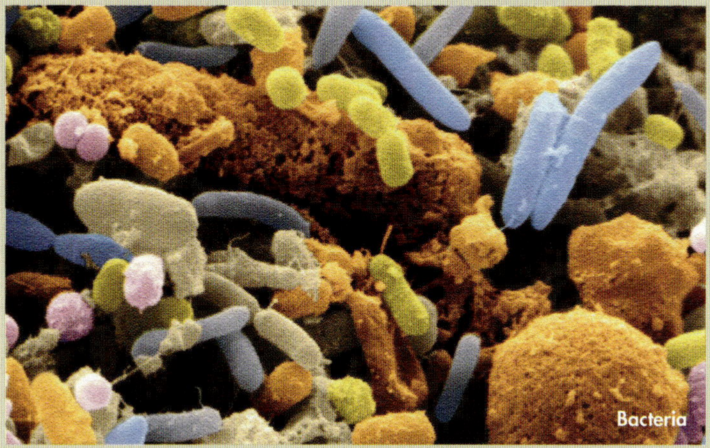
Bacteria

BACTERIA: organismo pequeño, unicelular, caracterizado por la presencia de un núcleo diferenciado. El material genético está disperso en grumos por el citoplasma.

BILIS: secreción amarilla del hígado que se almacena en la vesícula biliar.

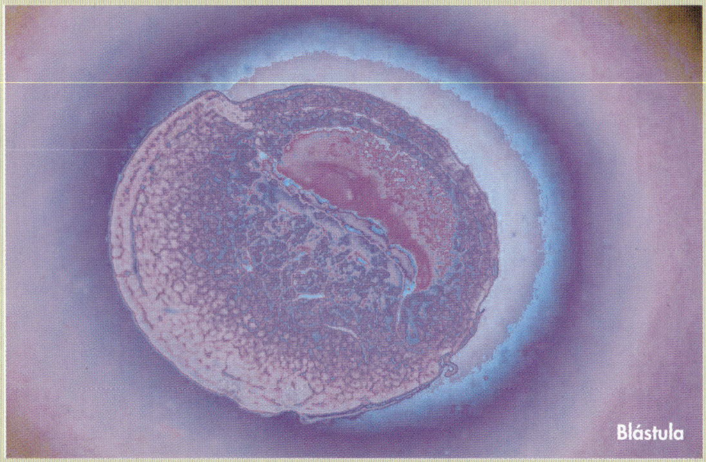
Blástula

BLÁSTULA: fase temprana del desarrollo animal, cuando el embrión es una esfera hueca de células.

CALORÍA: unidad de calor, definida como la cantidad de calor que se precisa para elevar en 1 °C la temperatura de un gramo de agua.

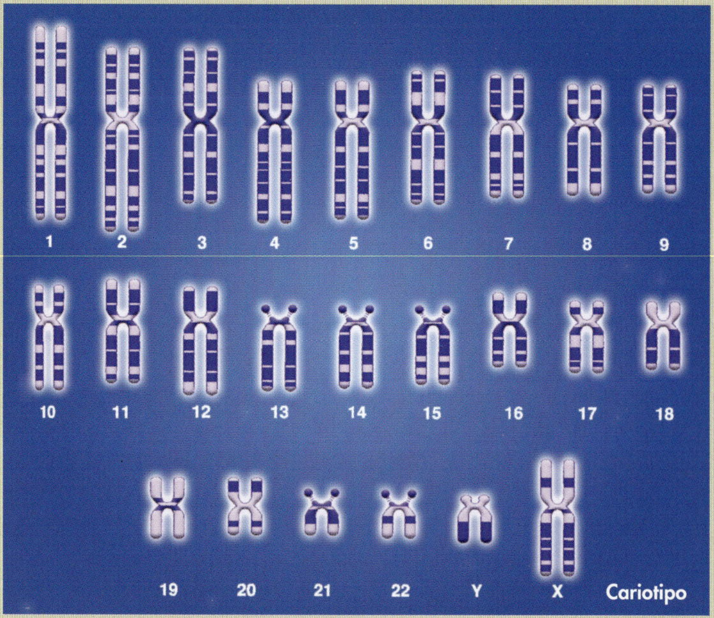

Cariotipo

CARIOTIPO: fotografía tomada a los 23 pares de cromosomas de una célula, que permite ver la forma de esos cromosomas.

CENTRÍOLO: cuerpo citoplasmático que forma el huso polar durante la mitosis y la meiosis.

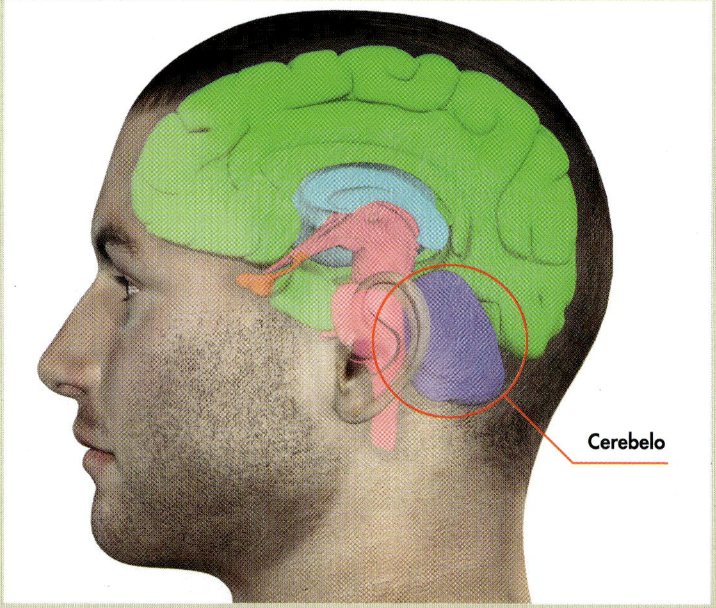

CEREBELO: parte del encéfalo que coordina los movimientos musculares voluntarios.

CITOPLASMA: la materia viva de una célula, entre la membrana celular y el núcleo.

CONGÉNITO: nacido con el individuo; innato, que existe desde el nacimiento o antes de este.

CROMÁTIDA: cromosoma recién formado, en la mitosis y la meiosis.

CROMOSOMA: cuerpo filamentoso del núcleo de la célula que contiene los genes.

CROMOSOMAS HOMÓLOGOS: cuando ocurre la fecundación, se forma el huevo o cigoto, que recibe 23 cromosomas de su madre y 23 de su padre. Ambos tipos de cromosomas se van a aparear de acuerdo con los caracteres que transmitan; de esta manera, se forman 23 pares de cromosomas que transmiten, cada par, información para los mismos caracteres; por eso se llaman homólogos.

CUERPO LÚTEO: cuerpo que segrega progesterona en los ovarios, formado por los restos del folículo de Graaf.

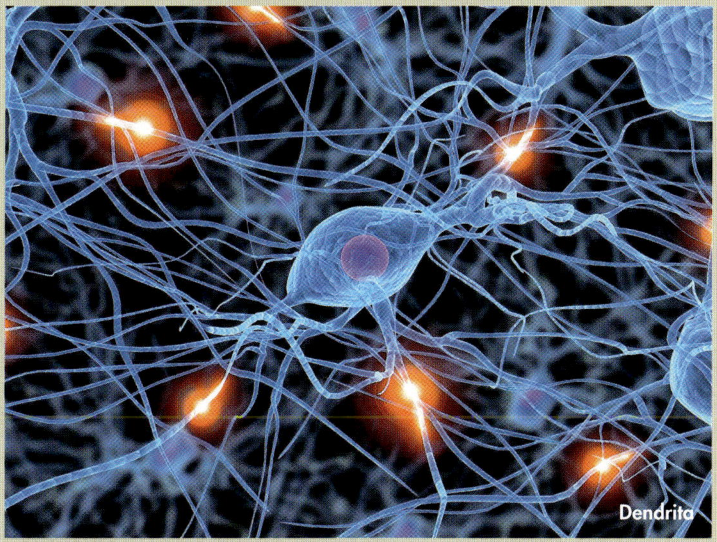
Dendrita

DENDRITA: prolongación filamentosa corta de una célula nerviosa, que conduce los impulsos nerviosos desde su extremidad hacia el cuerpo, es decir, tiene conducción centrípeta.

DESNUTRICIÓN: trastorno de la nutrición por defectos de asimilación o alimentación deficiente.

DIÁSTOLE: fase de relajación de las aurículas y los ventrículos, durante la cual las cavidades se llenan de sangre.

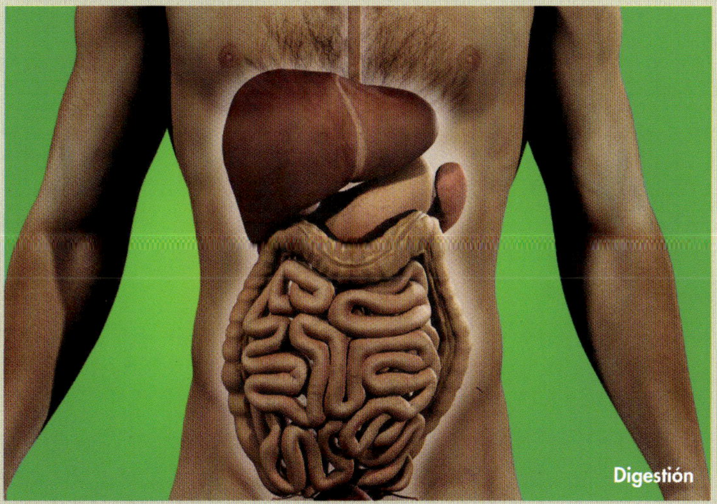
Digestión

DIGESTIÓN: degradación de alimentos complejos en sus componentes más simples. En la digestión química intervienen las enzimas digestivas.

DIPLOIDE: doble número de cromosomas, que es característico de una célula somática de un ser humano.

DISACÁRIDO: azúcar compuesta de dos monosacáridos.

DOMINANCIA: atributo funcional de los genes. Un gen dominante manifiesta todo su efecto prescindiendo del efecto del alelo que lo acompañe.

EFECTOR: glándula o músculo que efectúa la respuesta en el arco reflejo.

EMBRIÓN: primer estadio del desarrollo de un organismo, a partir del huevo o cigoto, hasta los tres meses de gestación en los humanos.

ENZIMA: proteína que cataliza una reacción aumentando la velocidad de esta.

ESTÍMULO: todo cambio interno o externo que influye sobre la actividad de un organismo o de una parte de un organismo.

ESTRÓGENO: hormona segregada por el ovario.

FECUNDACIÓN: unión del óvulo y el espermatozoide.

FENOTIPO: expresión del genotipo, que permite que este pueda manifestarse.

FETO: ser humano en vías de desarrollo, a partir del tercer mes de gestación hasta el nacimiento.

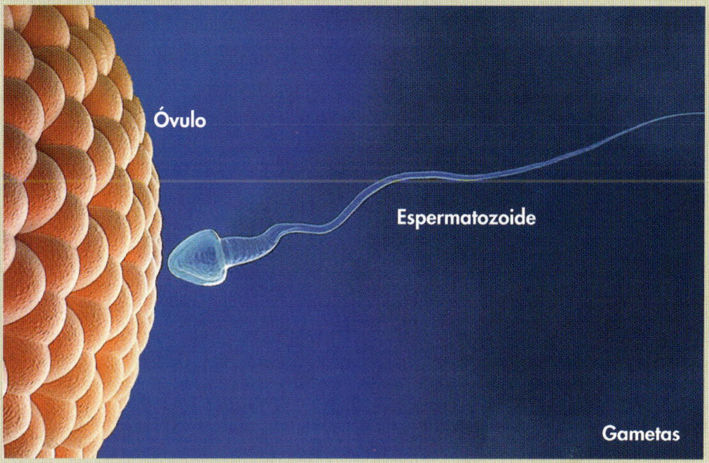

Gametas

GAMETA: célula reproductora que debe fusionarse con otras antes de que pueda desarrollarse.

GANGLIO: aglomeración de células nerviosas que están fuera del sistema nervioso central.

GEN: unidad de la herencia que está en el cromosoma; secuencia de nucleótidos en una molécula de ADN que desempeña una función específica, como codificar una molécula de ARN o un polipéptido.

GENOMA: la totalidad de genes de un grupo haploide de cromosomas, es decir, la suma de todos los genes diferentes de una célula.

GENOTIPO: constitución genética de una célula individual u organismo en relación con un solo rasgo o conjunto de rasgos. Suma total de todos los genes presentes en un individuo.

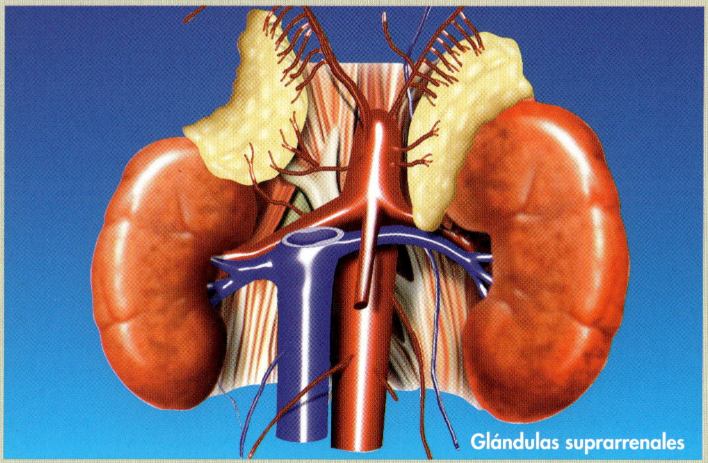
Glándulas suprarrenales

GLÁNDULA: órgano constituido por células epiteliales modificadas, que se han especializado para producir una o más secreciones que se descargan al exterior de la glándula.

GLOBULINA: una de las clases de proteínas presentes en el plasma sanguíneo; puede actuar como anticuerpo.

GLOMÉRULO: pequeña red de capilares sanguíneos que se encuentra en la cápsula en forma de copa de un nefrón.

GLUCAGÓN: hormona pancreática que eleva la concentración de glucosa en la sangre.

GLUCEMIA: concentración de glucosa en la sangre.

GLUCÓGENO: carbohidrato complejo (polisacárido); es una de las principales sustancias alimenticias que se almacenan en la mayoría de los animales y hongos; mediante hidrólisis se convierte en glucosa.

HAPLOIDE: Número de cromosomas característico de un gameto maduro de una determinada especie.

HORMONA: molécula orgánica secretada, por lo general en cantidades minúsculas, en una parte del organismo, que regula la función de otro tejido u órgano.

IMPULSO NERVIOSO: cambio rápido del potencial eléctrico, transitorio y autopropagado a través de una membrana de la fibra nerviosa.

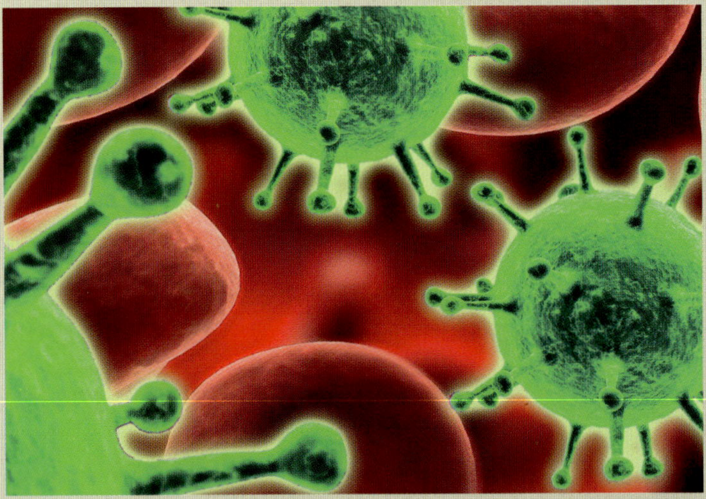

INFECCIÓN: es el ingreso, desarrollo y multiplicación de agentes patógenos.

INGESTIÓN: toma de alimento desde el medio ambiente hacia el sistema digestivo.

INMUNIDAD: estado de resistencia del organismo que le permite defenderse de los microorganismos y sus toxinas.

INSULINA: hormona peptídica que se produce en el páncreas, y cuya acción disminuye la concentración de glucosa en la sangre.

INTERNEURONAS: neuronas que transmiten impulsos nerviosos de una neurona a otra dentro del sistema nervioso central; puede recibir y transmitir impulsos nerviosos hacia y desde muchas neuronas distintas.

ION: todo átomo o molécula pequeña que contiene una cantidad desigual de electrones y protones, de modo que posee una carga neta positiva o negativa.

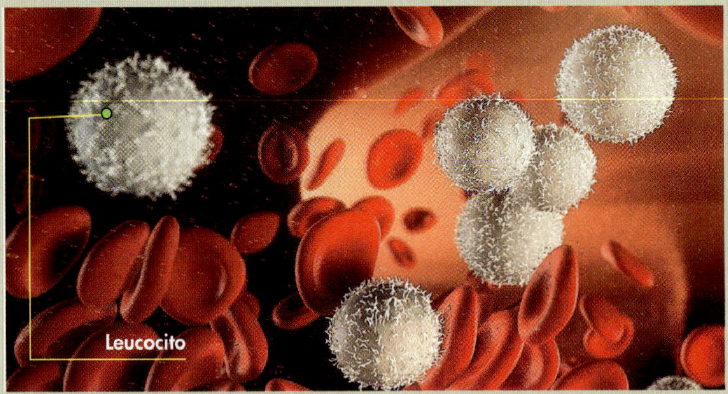

LEUCOCITO: glóbulo blanco de la sangre.

LINFA: líquido incoloro derivado de la sangre, mediante filtración a través de las paredes capilares en los tejidos. Es transportado por vasos linfáticos especiales.

LINFOCITO: tipo de glóbulo blanco, caracterizado por un núcleo arriñonado, formado en los tejidos linfáticos.

LIPASA: enzima digestiva que degrada los lípidos.

LÍPIDO: sustancia orgánica insoluble en agua y soluble en solventes orgánicos.

LOCUS: en genética, posición de un gen en un cromosoma.

MALTOSA: disacárido formado por la unión de dos unidades de glucosa.

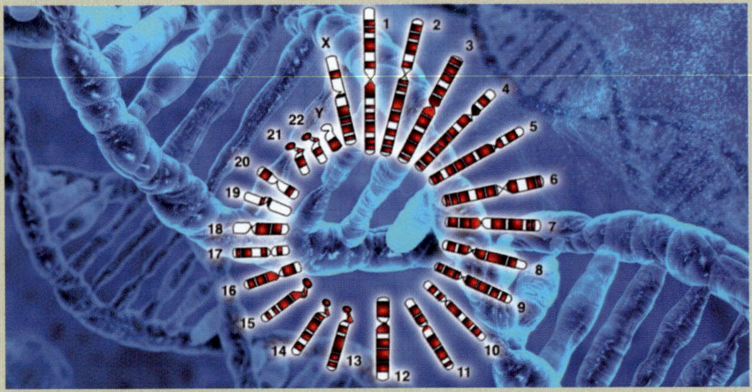

MAPA CROMOSÓMICO: diagrama lineal de los genes de un cromosoma.

MECONIO: sustancia pardo verdosa y viscosa que evacúa el recién nacido.

MEIOSIS: división celular en la que se reduce el número de cromosomas a la mitad. Este tipo de reproducción es característica de las células sexuales.

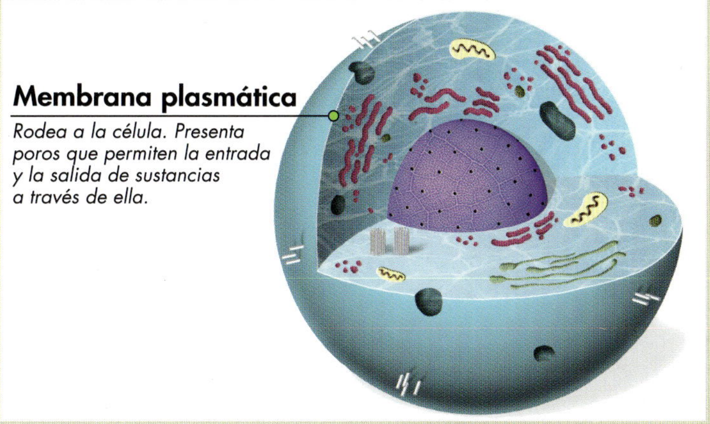

MEMBRANA PLASMÁTICA: membrana que rodea al citoplasma de una célula.

MENSTRUACIÓN: Expulsión de tejido uterino y de sangre desde la vagina, al final de un ciclo menstrual en el que no ha habido fecundación.

METABOLISMO: suma de todas las reacciones químicas que ocurren dentro de una célula u organismo.

MIELINA: vaina grasosa nacarada que envuelve al axón, y aumenta su velocidad de conducción.

MIOFIBRILLA: filamento contráctil dentro de una célula, especialmente una célula muscular o una fibra muscular.

Mitocondria

MITOCONDRIA: orgánulo responsable de la respiración celular.

MITOSIS: división celular, caracterizada por la replicación de los cromosomas y la formación de dos células hijas idénticas.

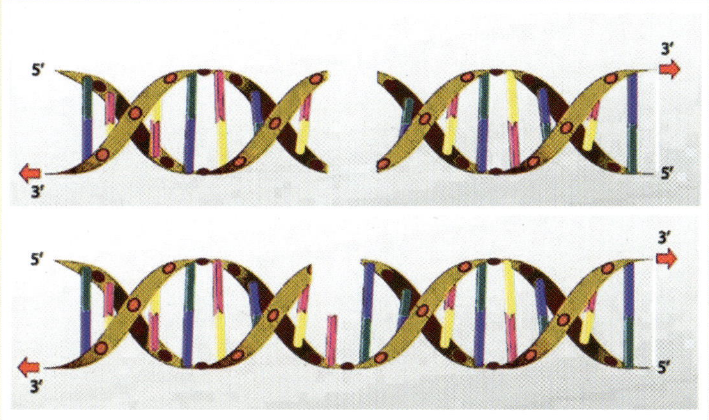

MUTACIÓN: cambio que experimenta un gen de una forma alélica a otra.

NEFRÓN: unidad estructural y funcional del riñón, encargado de elaborar la orina.

NERVIO: grupo o haz de fibras nerviosas, con su respectivo tejido conjuntivo, que forma parte del sistema nervioso periférico.

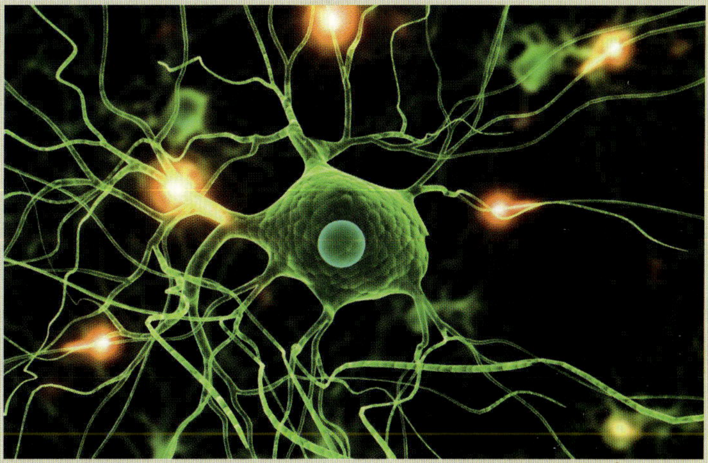

NEURONA: unidad estructural, funcional y de origen del tejido nervioso.

NÚCLEO: estructura contenida en las células, que regula el funcionamiento y la información genética de esta.

OOCITO: célula que mediante meiosis, origina un óvulo.

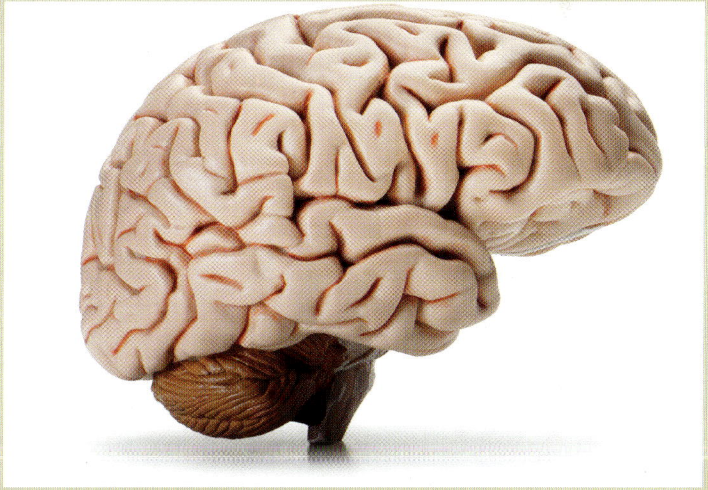

ÓRGANO: grupo de tejidos diferenciados que cumplen una misma función.

ORINA: ultrafiltrado del plasma, elaborado en el nefrón.

OVULACIÓN: salida del óvulo desde el ovario a las trompas de Falopio.

ÓSMOSIS: difusión de agua a través de una membrana semipermeable.

PARED CELULAR: estructura rígida que mantiene la forma de las células vegetales.

PÉPTIDO: compuesto formado por dos o más aminoácidos.

PERISTALTISMO: movimientos de contracción y relajación sucesivas de los músculos que forman el tubo digestivo. Estos movimientos son los responsables de la digestión mecánica de los alimentos.

PLEXO: retículo, especialmente de nervios o de vasos sanguíneos.

POLIPEPTÍDICO: larga cadena de aminoácidos, unidos entre sí por enlaces peptídicos.

POLISACÁRIDO: hidrato de carbono formado por la unión de muchos monosacáridos.

PROGESTERONA: hormona sexual femenina, producida por el cuerpo amarillo, que prepara al útero para la implantación.

Alimentos que contienen proteínas

PROTEÍNA: compuesto orgánico complejo, constituido por una o más cadenas polipeptídicas, cada una formada por muchos aminoácidos, unidos por enlaces peptídicos.

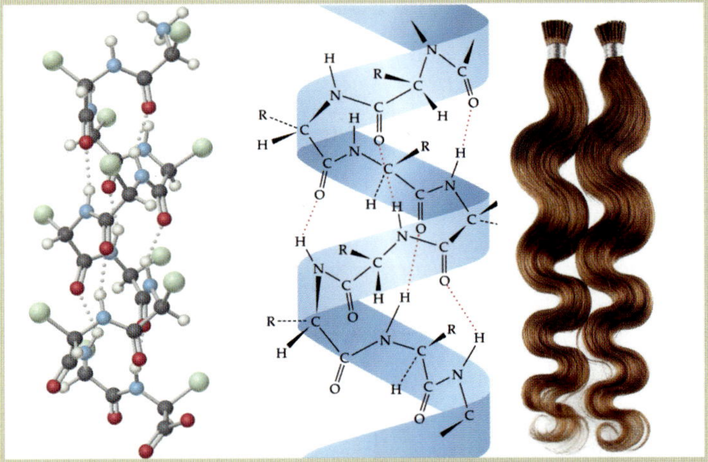

QUERATINA: parte de un grupo de proteínas fibrosas resistentes, formadas por ciertos tejidos epidérmicos, abundante en la piel, las uñas y el cabello.

RECESIVO: gen enmascarado por uno dominante.

REFLEJO: unidad de acción del sistema nervioso.

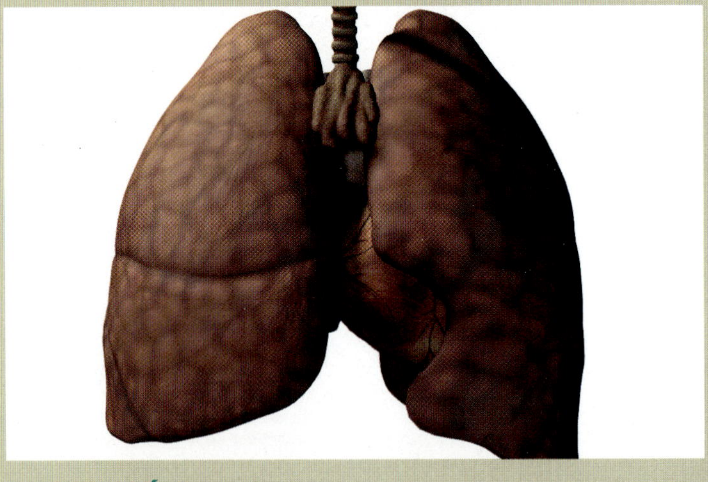

RESPIRACIÓN: captación de oxígeno para oxidar los alimentos y así obtener la energía necesaria para vivir. Como producto de la respiración se libera dióxido de carbono al ambiente.

RESPUESTA INMUNE: reacción defensiva específica del organismo frente a la invasión de algún agente extraño.

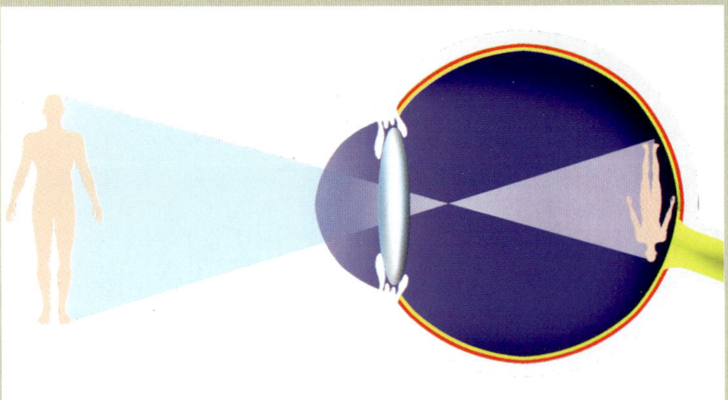

Cuando la luz de un objeto llega a la retina, estimula las células fotorreceptoras, que producen una imagen invertida y más pequeña del objeto.

RETINA: capa fotosensible del ojo.

RIBOSOMA: organoide celular donde se fabrican las proteínas.

SINAPSIS: relación de contigüidad entre dos neuronas.

SÍNTESIS: unión de dos o más moléculas de la que resulta una mayor.

SÍSTOLE: período de contracción del ciclo cardíaco.

TESTOSTERONA: hormona sexual masculina elaborada por los testículos.

TRIPSINA: enzima que digiere las proteínas en el duodeno. Esta enzima se encuentra en el jugo pancreático.

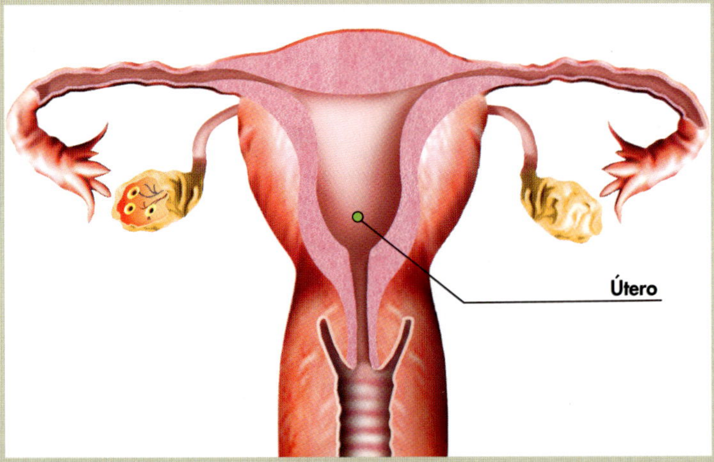

ÚTERO: órgano de la gestación y de la menstruación.

UTRÍCULO: porción del oído interno que contiene los receptores del equilibrio dinámico del cuerpo; los conductos semicirculares entran y salen del utrículo.

VIRUS: partícula no celular submicroscópica, constituida por un centro de ácido nucleico y una cubierta proteica; es parásita y solo se produce dentro de una célula huésped.

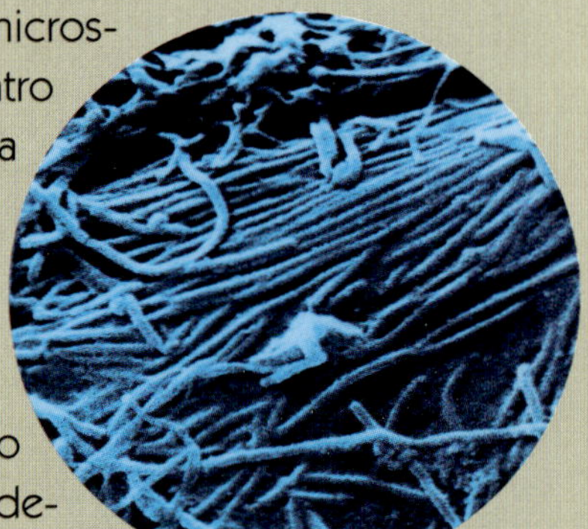

VITAMINA: cualquiera de las diversas sustancias orgánicas, no emparentadas entre sí, que un determinado organismo no puede llegar a sintetizar, pero que en muy pequeñas cantidades son esenciales para el crecimiento y las funciones normales del organismo.

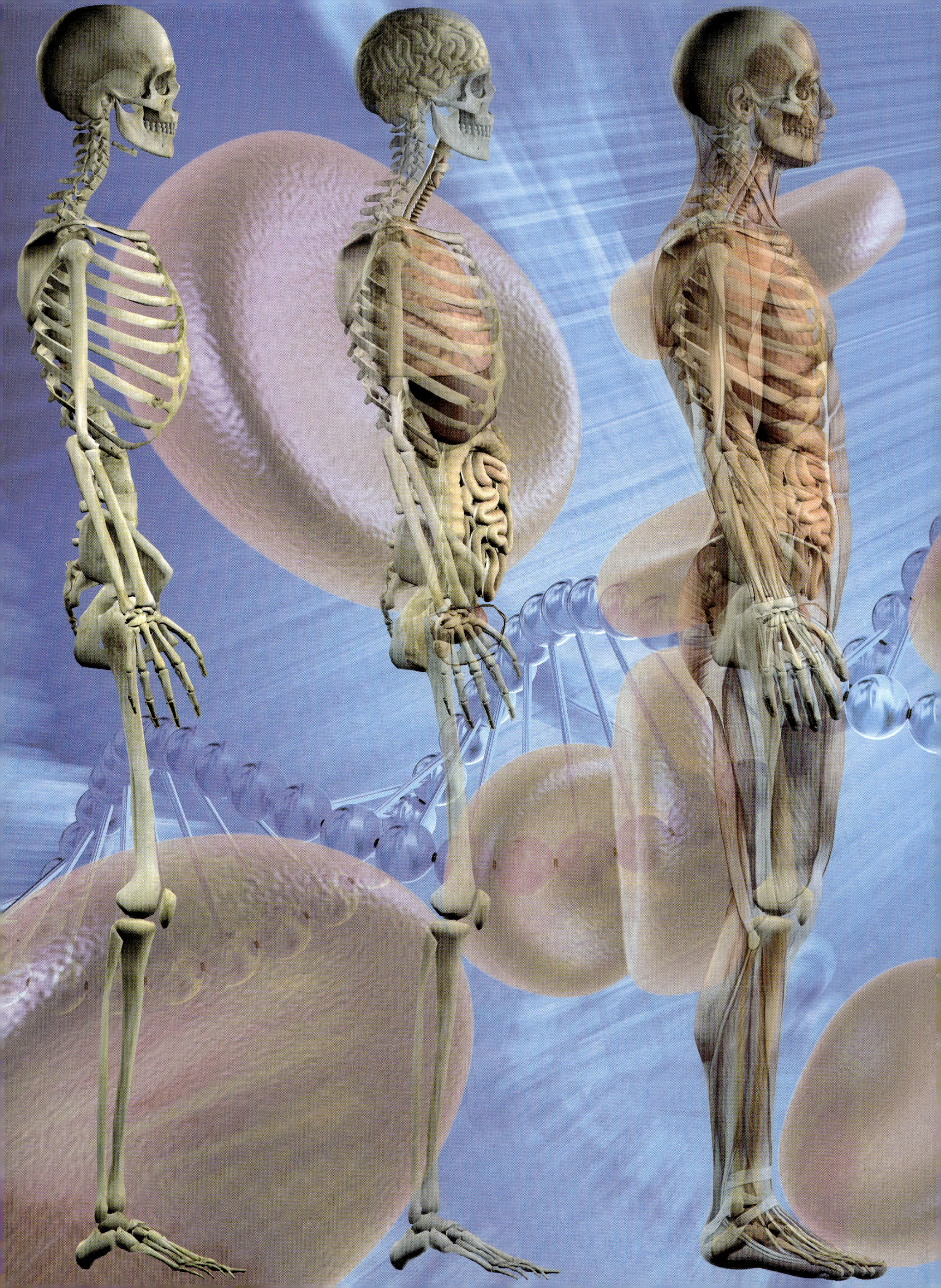